BASTEI
LÜBBE

Vorwort

Über die Autorin und ihre Mitautorinnen:

Margret Nissen, geboren 1938, verbrachte ihre Kindheit auf dem Obersalzberg. Nach dem Kriegsende und der Verhaftung ihres Vaters Albert Speer lebte sie mit ihrer Mutter und den Geschwistern in Heidelberg. Sie studierte in München und Heidelberg Archäologie, entdeckte aber später die Fotografie für sich. Sie ist verheiratet und hat vier Kinder.

Margit Knapp, geboren 1960 in Schwaz/Tirol, studierte Germanistik, Romanistik und Theaterwissenschaften in Innsbruck und Wien. Promotion über Italo Svevo. Sie lebt in Berlin, wo sie als Lektorin, Filmautorin und Publizistin arbeitet.

Sabine Seifert, geboren 1957, studierte Geschichte und Literaturwissenschaften und arbeitete einige Jahre als Theaterkritikerin und Kulturredakteurin der *tageszeitung* in Hamburg und Berlin. Zwei Jahre lang berichtete sie als freie Kulturkorrespondentin aus Paris. Heute lebt sie in Berlin, wo sie als freie Autorin für den Rundfunk tätig ist.

MARGRET NISSEN

UNTER MITARBEIT VON
MARGIT KNAPP UND
SABINE SEIFERT

Sind Sie die Tochter Speer?

BASTEI LÜBBE

BASTEI LÜBBE TASCHENBUCH
Band 61605

1. Auflage: Februar 2007

Vollständige Taschenbuchausgabe

Bastei Lübbe Taschenbücher in der Verlagsgruppe Lübbe

Textquellen: Die Textzitate stammen aus folgenden Ausgaben:
Arno Breker, *Im Strahlungsfeld der Ereignisse*, Düsseldorf 1972;
Joachim Fest, *Speer. Eine Biographie*, Frankfurt/Main 2001;
Albert Speer, *Erinnerungen*, Berlin 1969;
Albert Speer, *Spandauer Tagebücher*, Berlin 1975.
Umschlaggestaltung: Berndt & Fischer, Berlin
Titelbild: © Privatbesitz der Autorin und Corbis
Gestaltung und Satz: DVA
Druck und Verarbeitung: Ebner & Spiegel, Ulm
Printed in Germany
ISBN 978-3-404-61605-3

Inhalt

Vorwort

Wie lebt man als Tochter von Albert Speer? Margret Nissens Erinnerungen, die sechs Jahrzehnte umspannen, entstanden aus Gesprächen, die wir seit Februar 2003 mit ihr geführt haben. Sie war in dieser Zeit erstmals bereit, über ihr Leben zu sprechen; wir zeichneten ihre Erinnerungen mit dem Rekorder auf und brachten sie gemeinsam in die schriftliche Form. Der frische, direkte und offene Ton, in dem Margret Nissen erzählt, entspricht ihrem Naturell und sollte auch im Schriftlichen so weit wie möglich erhalten bleiben. Im Lauf des langen Prozesses stellten sich manche Fragen neu, wurde manche Episode in ein anderes Licht gerückt – das Verhältnis zu Albert Speer blieb ambivalent: auf der einen Seite stand die geliebte Vaterfigur der Kindheit, auf der anderen einer der führenden Köpfe des verbrecherischen »Dritten Reiches«.

Erzählt wird ein Lebenslauf, der vom Weg des Vaters, Hitlers bevorzugtem Architekten und letztem Rüstungsminister, geprägt war. Als junges Mädchen fürchtete sich Margret Speer vor der Frage: Sind Sie die Tochter Speer? Sie heiratete früh, verbrachte einige Zeit im Ausland, im Irak, in Amerika, um schließlich nach Deutschland zurückzukehren, nach Berlin. Hier fand sie spät zu ihrem Beruf: der Fotografie.

Im Laufe der Gespräche mit Margret Nissen reisten wir zum Obersalzberg, wo sie ihre ersten Lebensjahre verbrachte. Wir begaben uns gemeinsam auf die Spuren der frühen Kindheit, die sie als besonders idyllisch in Erinnerung behalten hatte und die einen harten Kontrast bildet zu dem, wofür der Obersalzberg sonst steht: Enteignung der Bauern und nationalsozialistische Landnahme, Zwangsarbeiter, »privater Amtssitz« Hitlers, Renommierobjekt des NS-Regimes vor alpiner Kulisse. Mit der Geschichte des Nationalsozialismus, in die ihr Vater nicht einfach nur verstrickt war, sondern die er maßgeblich mitbestimmte, wollte sich Margret Nissen lange Zeit nicht beschäftigen.

Geht das? Es geht. Es geht sogar, wenn man als Fotografin für eine Institution wie die Berliner »Topographie des Terrors« arbeitet. Aber es geht anders, als man sich das vorstellen mag. Ihr Name, ihre Herkunft war ja nicht zu leugnen. Der Vater saß zwanzig Jahre im Gefängnis; er hatte ein Schuldbekenntnis abgelegt. In seinem Fall gab es also nicht wie in vielen anderen deutschen Täter- und Mitläuferfamilien noch etwas aufzudecken, keinen Mantel der Harmlosigkeit zu lüften. Der Befund war alles andere als harmlos; welches junge Mädchen würde gerne sagen: Mein Vater ist ein »Hauptkriegsverbrecher«, wie die Angeklagten von Nürnberg bezeichnet wurden. Was die äußeren Fakten angeht, hatte Margret Nissen also keine Chance, die Vergangenheit zu ignorieren. Trotzdem beschäftigte auch ihre Familie die bange Frage: Wieviel und was hat Albert Speer gewußt? Seinen Angehörigen erklärte er, »ich hätte es wissen können«. Eine sibyllinische Antwort, die immer noch ein kleines Fragezeichen setzt und den vagen Hoffnungsschimmer an den Horizont malt, vielleicht habe er ja doch nicht gewußt, was er in seiner Eigenschaft als einer von Hitlers Ministern hätte wissen müssen. Zumindest hat er es nicht wissen wollen. Und nur dafür hat er die Verantwortung übernommen.

Kein einfaches Vermächtnis für die Tochter. Der Psychoanalytiker Tilmann Moser, der mehrfach Klienten aus Täterfamilien betreute und sich mit diesem Thema in »Dabei war ich doch sein liebstes Kind« und anderen Büchern systematisch befaßte, behauptet, die Kinder der NS-Täter hätten bloß zwischen »inquisitorischer Verstockung« oder kindlich-loyalem Schweigen wählen können. Margret Nissen hat sich für letzteres entschieden. Denn zu fragen fiel ihr schwer. Sie wußte einfach nicht, was sie hätte fragen können, sagte sie in den Gesprächen. Erschwert war die Position der Tochter dadurch, daß Albert Speer nach seiner Entlassung 1966 mit seinen »Erinnerungen« und den »Spandauer Tagebüchern« publizistische Erfolge erzielte und alles öffentlich beantwortet zu haben schien. Er kannte bis zu seinem Tod 1981 vor allem ein Thema: sein Leben im Nationalsozialismus, über das er mit allen redete, bloß nicht mit seiner Familie.

Der Sozialpsychologe Harald Welzer weist in seiner Untersuchung »Opa war kein Nazi« über die Weitergabe von Vergangenheit in der Familie darauf hin, wie wenig sich »Geschichtswissen und gelebte Erfahrung in Deckung bringen lassen«. Das Kind liebt seinen Vater in den meisten Fällen ganz zwangsläufig, und auch das Kind Margret Speer hat ihren Vater als liebevoll erlebt. Läßt sich dieser »Widerspruch zwischen dem Emotionalen und dem Kognitiven«, wie Welzer es nennt, überhaupt auflösen?

Zumindest läßt er sich thematisieren, und man kann ihn zulassen, aushalten lernen. Diesen Weg hat Margret Nissen nun mit über sechzig in Angriff genommen. Sie begann ihre weit oben im Schrank verstauten Briefe an den Vater hervorzusuchen, die sie nach dessen Entlassung aus dem Gefängnis zurückbekommen hatte, fing an, die Schriften ihres Vaters zu lesen, und sichtete ihr Fotoarchiv, das viele unveröffentlichte Fotos der Familie Speer enthält, von denen manche hier erstmals publiziert werden, gemeinsam mit den Fotos, die Margret Nissen als Fotografin vorstellen.

Heute weiß man, welche unterschiedlichen Wege die Kinder der Täter eingeschlagen haben: Martin Bormann, der Sohn von Hitlers Sekretär, wurde Lehrer und Priester,

Karl-Otto Saur jr., Sohn von Speers zeitweiligem Konkurrenten und Stellvertreter Karl-Otto Saur, widmete sich dem investigativen Journalismus. Klaus von Schirach, dessen Vater, der Jugendführer Baldur von Schirach, 1966 gemeinsam mit Albert Speer aus dem Gefängnis entlassen wurde, lebt als Rechtsanwalt in München. Wolf-Rüdiger Heß, der Sohn von Rudolf Heß, und Gudrun Himmler, die Tochter von Heinrich Himmler, führten im Internet einen verbissenen Kampf um eine posthume Ehrenrettung der Väter. Vor einigen Jahren erregten die Wut- und Haßtiraden des *Stern*-Redakteurs Niklas Frank gegen seinen Vater Hans Frank Aufsehen. Hier reiht sich Margret Nissens Leben auf eine leise und unspektakuläre Weise ein: sie suchte weder Rache noch Nachahmung noch ein religiös-soziales Ventil.

Ihre mit viel Offenheit erzählte Geschichte gibt persönliche Einblicke in die Art und Weise, wie sie mit ihrer Familiengeschichte früher umgegangen ist und wie sie heute damit umgeht. Das Buch folgt ihrer subjektiven Sichtweise in den verschiedenen Entwicklungsstufen.

Der Verlauf der Gespräche, die dem Text zugrunde liegen, war von verschiedenen Phasen geprägt, viele Widersprüche tauchten auf: die kleine Margret, die kindliche Bewunderung für ihren Vater hegte; die wütende Tochter, die es leid war, im Schatten ihres Vaters zu stehen; es gab Blockaden und Durchbrüche, nüchterne Einsichten, sentimentale Momente, Rückzugsmanöver und Befreiungsschläge, aber immer den Willen, dieses Projekt zu Ende und seine Ergebnisse zu Papier zu bringen. So deckt sich naturgemäß die Sicht von Margret Nissen auf ihren Vater oft nicht mit unserer distanzierteren Sehweise; unsere Aufgabe beschränkte sich auf die Rolle der Protokollantinnen dieser besonderen Vater-Tochter-Beziehung und Lebensgeschichte.

Margit Knapp, Sabine Seifert

Warum Jetzt?

Über die Zeit des Nationalsozialismus und über das Verhältnis der Deutschen zu Adolf Hitler, seinem Regime und dessen Massenverbrechen ist nach 1945 in den wenigsten Familien offen und kritisch gesprochen worden. Die Eltern haben geschwiegen, die Kinder haben nicht gefragt oder das Fragen aufgegeben.

Ich gehöre zu dieser Kindergeneration, auch ich habe nicht gefragt, doch jetzt ist es für Fragen zu spät, es ist niemand mehr da, den ich fragen könnte, alle Zeitzeugen um mich herum sind tot. Ich kann nur versuchen, mich selbst zu erinnern oder muß auf Geschriebenes zurückgreifen.

Ich bin 66 Jahre alt, glücklich verheiratet, habe vier Kinder, vier Schwiegerkinder und acht Enkelkinder, mein Leben ist ausgefüllt. Ich bin zufrieden. Ich habe in Berchtesgaden, Heidelberg, Bagdad und Chicago gelebt und wohne seit 33 Jahren in Berlin.

Ich interessiere mich für Architektur, Kunst, Kino, Theater, reise gerne, liebe Hotels, bin etwas faul, schlafe gerne, lese gerne, bin krimibegeistert, ich esse und koche gerne, gebe gerne Einladungen, nichts ist schöner als ein Pfälzer Schwips oder ein kleiner Kognak vor dem Einschlafen, ich bin neugierig, bin dickköpfig, kann witzig und humorvoll sein, mag keine Selbstgerechtigkeit, keine Lügen, keine Frömmelei, ich bin nicht eitel, nicht konsequent, nicht ehrgeizig, habe nicht genug Autorität (mit unserem letzten Hund ging ich zur Hundeerziehung, nach einigen Malen wurden wir beide nach Hause geschickt, mit dem Hund sei alles in Ordnung, nur mir fehle die Durchsetzungskraft). Ich habe einen gesunden Menschenverstand, bin intelligent, aber nicht intellektuell, kann kratzbürstig sein; ich bin unternehmungslustig, meist fröhlich, bin sentimental, staple eher tief, »Macht« übe ich nur in der Familie aus, bin eher schüchtern, kann die Schüchternheit aber überspielen. Alles ist in Ordnung, mein Leben scheint normal verlaufen zu sein, ich habe gelernt, mit meinen Schwächen zu leben.

Einen Makel habe ich jedoch, der mich mein Leben lang begleitet. Ich habe einen Vater, der lange Jahre Hitlers favorisierter Architekt war, ihm schon früh seine Reichsparteitage wirkungsvoll gestaltete, seine »Neue Reichskanzlei« baute, der in seinem Auftrag begonnen hatte, als »Generalbauinspektor für die Reichshauptstadt« Berlin ohne jede Rücksicht umzugestalten, der seit 1942 als Hitlers Minister zu den mächtigsten Männern des »Dritten Reiches« gehörte, und der dessen Rüstung und Kriegswirtschaft bis zum Frühjahr 1945 lenkte: Albert Speer.

Seinetwegen habe ich nicht nur ein schlechtes Gewissen, mehr noch, seinetwegen fühle ich mich schuldig. »Sind Sie die Tochter Speer?« Vor dieser Frage fürchtete ich mich jahrzehntelang. Ich hatte früh geheiratet und war erleichtert gewesen, meinen Mädchennamen los zu sein. Doch auch mit dem neuen Nachnamen ging es immer nur darum: Wer weiß, wer ich bin? Wann kommt es heraus? Wann sage ich es oder behalte ich es für mich? Ich habe gelitten, statt mich zu wehren und mich mit meinem Vater auseinanderzusetzen. Ich wollte nichts wissen, habe nichts gefragt, ich habe nicht darüber gesprochen, ich wurde stumm, wenn es um diese oder ähnliche Gesprächsthemen ging.

Heute gilt man mit 66 Jahren noch nicht als richtig alt, aber man kann nicht negieren, daß der größte Teil des Lebens vorbei ist. Man beginnt zu sinnieren, was kommt jetzt noch, und was ist gewesen? Mein Leben ist ruhiger geworden, ich muß nicht mehr um die Liebe und die Beziehung zu meinem Mann kämpfen, wir sind ein glückliches, zusammen gealtertes Ehepaar. Die Kinder sind erwachsen, haben eigene Familien, ich muß keine Entscheidungen mehr für sie treffen. Ich muß keine depressiven Phasen mehr durchlaufen, mich nicht mehr um Anerkennung bemühen, mit dem Alter werde ich gelassener und positiver, aber auch mutiger. Dieser neue Mut hat zu meinem Entschluß geführt, über mein Leben und über die Beziehung zu meinen Eltern nachzudenken und zu sprechen. Ich wollte damit nicht nur aus dem Schatten meines Vaters, sondern auch aus dem meiner älteren Schwester und meines Mannes treten und etwas Eigenes machen.

Als ich vor längerer Zeit eher beiläufig gefragt wurde, ob ich nicht in Form von Interviews über mein Leben erzählen wolle, sagte ich zum Erstaunen meines Mannes und meiner Kinder zu. Vielleicht würde es mir die Möglichkeit geben, mein Schweigen zu überwinden. Heute nenne ich es meine kostenlose Therapie.

Der letzte und eigentliche Anstoß für meine Auseinandersetzung mit meiner Familiengeschichte war die Ankündigung eines Fernsehfilmes von Heinrich Breloer über meinen Vater und Hitler. Auf Anfrage hatte ich eine Beteiligung strikt abgelehnt, weil mir das Projekt zu bombastisch erschien. Wir sind nicht die Familie Mann. Ich wollte nicht im Fernsehen erscheinen. Ich halte nichts davon, historische Personen der Zeitgeschichte von Schauspielern darstellen zu lassen; wie immer detailliert und vermeintlich »authentisch« das geschieht, man sieht doch nur Schauspieler. Privat war die Familie Speer bis dahin weitgehend unbehelligt geblieben, nun brach alles auf, unsere Familiengeschichte würde in die Öffentlichkeit getragen werden. Wenn dem schon nicht mehr zu entgehen war, warum sollte ich nicht selbst die Annäherung an mein Leben als »Tochter Speer« versuchen?

Ich wollte herausfinden, warum mein Leben weitgehend normal verlaufen ist, trotz der Belastung durch den Vater. Heute ist mir klar, daß meine Mutter eine viel wichtigere Rolle für meine Entwicklung gespielt hat als er. Gerade sie kommt aber in den Büchern meines Vaters kaum vor, und in den Arbeiten anderer Autoren wird man ihr überhaupt nicht gerecht. Vielleicht wollte mein Vater seine Privatsphäre und seine Familie möglichst aus der Öffentlichkeit heraushalten, aber eher denke ich, daß Familie für ihn nicht wirklich wichtig war.

Zum ersten Mal holte ich die Briefe heraus, die ich meinem Vater in den Jahren 1947 bis 1966 in das Spandauer Kriegsverbrechergefängnis geschrieben hatte. Ich habe seine Bücher, die ich früher nur überflogen hatte, endlich gelesen. Ich begann mich für ihn zu interessieren, nicht so sehr für die historischen Hintergründe, sondern mehr für sein Verhältnis zu seiner Familie und für sein Verhältnis zu mir.

Heute fühle ich mich in der Verantwortung, mir Fragen zu stellen und nach Antworten zu suchen, aber ich will mich nicht mehr schuldig fühlen für Dinge, an denen ich nicht selbst mitgewirkt habe – doch es gelingt mir nicht immer. Neulich saß ich neben einem befreundeten Wissenschaftler jüdischen Glaubens, wir sprachen über mein Projekt. Sofort hatte ich ihm gegenüber dieses Gefühl der Schuld. Warum habe ich ihn nicht gefragt, was er mir gegenüber empfindet, das müßte ich jetzt doch endlich können? Ich habe nicht gefragt.

Werde ich jemals erfahren, warum ein intelligenter, begabter junger Mann sich jahrelang mit Hitler und seinen Gefolgsleuten einlassen konnte, und warum er trotz all seiner Kenntnisse über das Unrechtsregime nicht vorher Konsequenzen gezogen hat? Warum mußte er ausgerechnet mein Vater sein?

Margret Nissen

Kindheit am Obersalzberg

Es ist eine endlose Fahrt, die uns Stunde um Stunde weiter vom Obersalzberg entfernt. Ich sitze am Fenster in einem Auto und starre in den Nachthimmel.

An diesem Tag ging meine Kindheit am Obersalzberg zu Ende. Was ich bislang kennengelernt hatte, war ein Leben in der Natur. Diese ländliche Idylle verließen wir im April 1945 fluchtartig, und niemand von uns sechs Kindern wußte so recht, wohin die Reise führte. Für jeden von uns mochte die Fahrt etwas anderes bedeuten. Niemand kann als Erwachsener mehr genau sagen, was in solchen Momenten in Kinderköpfen vorgeht. Wir verließen das Paradies unserer Kindheit.

Ich wurde am 19. Juni 1938 in Berlin geboren und verbrachte dort meine ersten Lebensmonate. Mein Vater hatte 1935 im Villenviertel Berlin-Schlachtensee für die wachsende Familie ein Haus gebaut, von dem meine Mutter immer sagte, daß es ihr liebstes Haus gewesen sei. Für die vielen Kinder war es jedoch bald zu klein, daher wurde es später vermietet. Im Krieg zerstörte eine Bombe das Haus vollkommen, angeblich die einzige Bombe, die in der Schopenhauerstraße fiel. Das Grundstück erwarb 1967 ein Sänger der Berliner Oper, er ließ ein neues Haus darauf errichten.

Noch in meinem Geburtsjahr zogen meine Eltern mit meinen Geschwistern Albert, Hilde, Fritz und mir – meine jüngeren Brüder Arnold und Ernst waren noch nicht geboren – auf den Obersalzberg bei Berchtesgaden. Mein Vater behielt aber immer einen Wohnsitz in Berlin, er hatte in

Schwanenwerder ein Haus gemietet, wohin meine Mutter oft fuhr und wohin sie manchmal auch die älteren Kinder mitnahm. Mehrfach »ausgebombt«, wechselte er noch einige Male seine Berliner Wohnungen.

Am Obersalzberg baute mein Vater 1937/38 in einiger Entfernung von Hitlers Berghof ein altes Bauernhaus innen um. Es handelte sich um das ehemalige Privathaus des Kunstmalers Georg Waltenberger. Es stand ganz frei und lag außerhalb des inneren Sperrkreises, aber noch innerhalb des weitläufigen sogenannten »Führersperrgebietes«.

In diesem Haus haben wir von 1938 bis 1945 gewohnt, ich bin auf dem Obersalzberg aufgewachsen. »Obersalzberg«, so hieß für uns einfach unser Haus. Und wenn man zu Hitler hinaufging, war das der »Berghof«.

Zum Eingang unseres Hauses führte eine steile Steintreppe, dann kamen rechts das Wohnzimmer und das vornehme Eßzimmer, links das gewöhnliche Eßzimmer für jeden Tag. Im guten Eßzimmer stand schönes gelbes, mit Blumen verziertes Geschirr. Jedes Kind hatte sein eigenes Wasserglas mit eingeschliffenen Rehen und Hirschen, dazu gehörte ein verzierter Glaskrug. Im gewöhnlichen Eßzimmer spielte sich ein Großteil des Lebens von uns Kindern ab, hier aßen und spielten wir, wenn schlechtes Wetter war und wir uns nicht wie üblich im Freien aufhielten. Wir hatten einen wunderbaren Spielzeugkaufladen dort stehen, mit dem ich viele Stunden verbrachte.

Im oberen Stock befanden sich die Schlafzimmer. Für meine Mutter hatte mein Vater ein Schlafzimmer mit Holzvertäfelung und Möbeln nach eigenen Entwürfen eingerichtet.

Das Wohnzimmer ist in meiner Erinnerung ein dunkel getäfelter Raum mit Kassettendecke, mit einem großen Sofa und Sesseln vor dem Kamin. Wenn Besuch kam, wurden wir schön angezogen und mußten ins Wohnzimmer gehen

Das Haus in Berlin-Schlachtensee, gebaut von Albert Speer 1935

und brav die Hand geben. Ich konnte das nicht leiden und zeigte meine schlechte Laune auch deutlich. Daher bekam ich den Spitznamen »Muffi-Duff«, weil ich keine Lust hatte, jedem Fremden mit einem freundlichen Lächeln zu begegnen. Wenn wir Geschwister unter uns waren, galt ich als lustiges, freches und fröhliches Kind, aber Gäste mochte ich nicht.

Vor dem Haus lagen steil abfallende Bergwiesen, im Frühjahr und Sommer voll bunter Blumen. Der einzige ebene Platz war eine Terrasse rechts vom Haus, auf der bei schönem Wetter gegessen wurde. Hier hielten wir uns oft auf, hier befand sich ein großer Sandkasten, etwas oberhalb standen die Kaninchenställe. Hinter dem Haus

Fritz, Hilde, Margret und Albert Speer, Obersalzberg, 1938

war eine in meiner kindlichen Erinnerung sehr hohe Mauer, davor ein Holzbrunnen mit fließendem Wasser. Im Sommer spielten wir mit dem Wasser, im Winter, wenn Schnee lag, sprangen wir von der Mauer und versanken tief im Schnee. Um die Ecke war eine hohe Schaukel, auf der wir wetteiferten, wer höher schaukeln konnte; ich immer vorneweg.

Um unser Haus herum gab es keinen Zaun. Ein steiler Kiesweg, der uns im Winter als Rodelbahn diente, führte zum Atelierhaus meines Vaters hinunter; es war 1937 nach seinen Plänen gebaut worden. Mein Vater hatte zwei Ateliers, eines in Berlin und eines auf dem Obersalzberg.

Ich liebte das Rodeln auf den steilen Wiesen. Einmal fiel ich dabei mit meinem Schlitten in eine Baugrube hinter dem Atelier und brach mir den Arm.

Margret, Albert, Fritz und Hilde Speer, Obersalzberg 1939

In meiner Erinnerung, die allerdings nach meinem heutigen Eindruck stark von der historischen Ortssituation abweicht, führte hinter dem Haus ein Kiesweg steil den Berg hoch. Am Waldrand kam das Gitter mit einem Tor, und dahinter begann das Berghof-Gelände von Hitler. Gleich im Tal, in Berchtesgaden noch, befand sich die erste, äußere Absperrung – wir lebten auf mehrfach abgesperrtem und gesichertem Gelände.

Jedes Jahr zu Hitlers Geburtstag wurden wir Kinder schön angezogen und dann mitgenommen »zum Berghof hoch«, wie es immer hieß, an den Wachtposten vorbei, um unsere Blumensträuße abzuliefern. Jedes Kind mußte Hitler einen Blumenstrauß überreichen.

Meine Schwester und ich hatten viele schöne Kleider, die uns häufig von Mimina Breker, der Frau des mit meinen

Hitlers Geburtstag auf dem Berghof, 20. April 1943. Margret Speer in der ersten Reihe, dritte von rechts

Eltern befreundeten Bildhauers Arno Breker, aus Paris mitgebracht wurden. Mimina war eine kleine, dicke Griechin mit südländischem Akzent, die mich sehr faszinierte. Sie war ganz anders als Eva Braun und die anderen Frauen, die sich sonst auf dem Berghof aufhielten, etwa Anni Brandt, die Frau von Hitlers langjährigem Begleitarzt Prof. Dr. Karl Brandt. Die Frauen kamen nicht nur zu offiziellen Anlässen auf den Berghof, sondern sie trafen sich auch öfter nachmittags zum Kaffeekränzchen, und manchmal nahm meine Mutter uns Kinder mit.

Auf dem Berghof begegneten wir den Kindern von Martin Bormann, als Reichsleiter und späterer Sekretär des »Führers« einer von Hitlers engsten Mitarbeitern. Die Ältesten waren um einiges älter als ich und paßten vom Alter her zu meinen Geschwistern Albert und Hilde. Wir sahen sie und

Margarete Speer mit Margret, Albert und Hilde 1941 auf dem Berghof

Auf dem Berghof, 1941: von links Eva Braun, Hilde Speer, Margarete Speer, Sepp Dietrich, Margret, Albert und Fritz Speer

die Tochter von Hitlers Reichsmarschall Hermann Göring jedoch nur zu den offiziellen Anlässen auf dem Berghof. Sonst blieben wir Speer-Geschwister unter uns. An die Kinder des Reichspropagandaministers Joseph Goebbels kann ich mich überhaupt nicht erinnern, obwohl sie zu den offiziellen Anlässen auch mit uns auf dem Berghof gewesen sein müssen.

Im Gegensatz zu der mit Kies bestreuten Terrasse unseres Hauses war die Terrasse auf dem Berghof riesengroß und mit Steinplatten belegt. Hier konnten wir uns viel besser austoben, rennen, tanzen und mit den anderen Kindern Fangen oder Ringelspiele spielen.

Über Hitlers Verhältnis zu Kindern schreibt mein Vater in seinen »Erinnerungen«:

[...] Immerhin gab er sich Mühe, wenn er mit Kindern, fremden oder ihm bekannten, zusammenkam: er versuchte sogar, ohne daß es ihm je überzeugend gelang, sich auf väterlich-freundliche Weise mit ihnen zu beschäftigen. Nie fand er die richtige, vorbehaltlose Art, mit ihnen zu verkehren; nach einigen huldreichen Worten wandte er sich bald anderem zu. Er beurteilte Kinder als Nachwuchs, als Repräsentanten der nächsten Generation und konnte sich daher eher an ihrem Aussehen (blond, blauäugig), ihrem Wuchs (kräftig, gesund) oder ihrer Intelligenz (frisch, zupackend) freuen, als an dem kindlichen Wesen. Auf meine eigenen Kinder blieb seine Persönlichkeit ohne Wirkung. (»Erinnerungen«, Seite 107)

Ich selbst erinnere mich an Hitler überhaupt nicht. Seinem Idealbild entsprach ich sicher nicht: Ich war eher pummelig, hatte braune Augen, dunkle struppige Haare und schielte ein wenig, im Gegensatz zu meiner älteren Schwester, die blonde Haare hatte und viel mehr vorgezeigt wurde als ich. Mich ließ man in Ruhe, was mir durchaus recht war.

Ich mochte das Fotografiertwerden auf dem Berghof zu Hitlers Geburtstagen gar nicht. Ich glaube, wir mußten lange Zeit ruhig stehen, und ich wollte nur möglichst schnell wieder spielen gehen. Ich war immer weniger freundlich als die anderen.

Meine Eltern waren oft ohne uns Kinder auf dem Berghof zum Essen geladen. Sie wurden dann mit einem Auto abgeholt, obwohl der Weg nicht weit war. In ihren Aufzeichnungen, bruchstückhaften Erinnerungen aus ihrer Kindheit, Jugend und Erwachsenenzeit, die meine Mutter für ihre Enkelkinder 1985, zwei Jahre vor ihrem Tod, handschriftlich niederschrieb, schildert sie ein Essen am Berghof aus ihrer Sicht:

Mittagessen beim Führer (ich bleibe bei dem mir gewohnten Namen) am Obersalzberg [...]. Das Telefon klingelt, es kann zwei, drei, manchmal auch vier Uhr sein. »Der Führer läßt zu Tisch bitten.« Eine freundliche Männerstimme. Ich bin schon lange fertig, sitze herum, warte. Albert und ich werden abgeholt, kein großer Mercedes, ein kleiner Bergwagen kommt angefahren. In ein paar Minuten sind wir da. Wir halten vor der großen Treppe, die durch die Wochenschauen bekannt ist und auf der der Führer seinen Staatsgästen entgegenkommt. Wir sind keine Prominenz, Albert ist kein Minister, nur der Generalbaumeister für die Reichshauptstadt, gehören aber zum inneren, privaten Kreis des Führers. [...] Es sind vielleicht zwanzig Personen, die [...] auf das Mittagessen warten [...].

Der Führer kam herein, begrüßte seine Gäste, die Damen mit Handkuß. Manchmal brachte er einen Gast mit, der dann am Mittagessen teilnahm. Nur sehr wenige der Staatsbeamten wurden zum Mittagessen eingeladen. [...]

Ein langer Gang führte zum Eßzimmer, voraus der Führer mit einer der Damen, dann Frl. Braun mit Bormann, dann zwanglos die anderen Gäste in gemischter Reihenfolge. Wenn ein besonderer Gast da war, Herr Goebbels oder auch Herr Himmler, wurde er dem Führer gegenübergesetzt.

Das Essen war sehr gut zubereitet, Suppe, Fleisch mit Gemüse und Salat, eine Nachspeise, nichts Üppiges. Der Führer aß vegetarisch, einen Apfel, meist Cox-Orange, als Nachtisch. Dazu Fachinger.

Margarete Speer, 1943

Die Unterhaltung führte der Führer: keine Politik, dafür Theater oder Oper, über Schauspieler, Sänger und Sängerinnen […]. Architektur war ein beliebtes Thema […].

Da das Verhältnis meiner Eltern zu Eva Braun gut war, setzte sich mein Vater bei Hitler dafür ein, daß sie mit zum Skifahren kam. Mein Vater fuhr gern Ski, in einem für heutige Verhältnisse ganz schrecklichen Stil, wie auf den Fotos und Filmen zu sehen ist.

Einen gemeinsamen Ausflug zum Arlberg hielt meine Mutter in ihren Aufzeichnungen fest:

Fräulein Braun war eine gute Skifahrerin. Der Führer sah das nicht so gerne, da er Angst hatte vor Verletzungen und Beinbrüchen. […] Es waren ein paar ruhige Monate nach dem Polenfeldzug. Unsere dreitägige Fahrt fand statt. Anni Brandt kam mit, noch eine Freundin von Frl. Braun, wir beide. Albert bestellte unseren alten Berg- und Skilehrer nach Zürs. Wir […] wollten von St. Anton den Aufstieg nach Zürs mit den Skiern machen, während Frl. Braun mit ihrer Begleitung zum Hotel Zürser Hof vorfuhr. […] In St. Anton sahen wir damals die ersten Skilifte. […] Jeden Abend wurde getanzt. Frl. Braun, jung und gutaussehend, war eine gute Tänzerin. Wir haben uns alle bemüht, ihr die Tage angenehm zu gestalten, denn getanzt wurde nie im Berghof.

An meine Mutter in jener Zeit kann ich mich kaum erinnern. Sie hat auf mich wie eine junge, jugendliche Frau gewirkt, dabei war sie damals ja schon Ende dreißig. Gegenüber den Hausangestellten verhielt sie sich immer freundlich-distanziert und wurde von ihnen mit Respekt behandelt. Für sie blieb sie immer »die Frau Speer«.

Die Jahre, als mein Vater ein erfolgreicher Architekt war und sie dadurch eine gesellschaftlich herausgehobene Stellung erreicht hatte, hat meine Mutter bestimmt genossen. Sie war damals eine schöne Frau, zurückhaltend und bescheiden, humorvoll, hat gerne gelacht. Sie war immer, wenn sie ausging, elegant gekleidet. Mein Vater ließ die schönsten Kleider für sie nähen und liebte es, Schmuck für sie auszusuchen. Auf dem Obersalzberg trug sie gerne einfache Dirndl, zum Ausgehen hatte sie zwei Seidendirndl, eines in Rot, eines in Blau, mit passendem Schmuck. Ich bewunderte sie, wenn sie so gekleidet war. Die Dirndl gab es noch nach dem Krieg, sie wurden aber nicht mehr getragen. Die Rolle meiner Mutter in diesen Jahren auf dem Obersalzberg bestand darin, daß sie dazugehörte, repräsentierte an der Seite ihres Mannes. Unter den Farbfilmaufnahmen, die mein Vater 1938 bis 1944 unter anderem von uns Kindern gedreht hat, finden sich auch Aufnahmen auf dem Berghof – man sieht, wie gut meine Mutter sich mit den anderen jungen Frauen verstand. Die Frauen liegen auf geflochtenen Liegen auf der Sonnenterrasse und unterhalten sich, wirken miteinander vertraut. Wir Kinder toben herum.

Nicht nur mein Vater, auch meine Mutter war mehr verreist als bei uns zu Hause. So wuchs ich in diesen Jahren weitgehend ohne Eltern auf. An meine Mutter zu Hause habe ich wohl auch deshalb keine besonderen Kindheitserinnerungen. Ich kann mich zum Beispiel nicht erinnern, daß sie damals je mit uns Kindern gespielt hätte. Oder uns in den Arm genommen hätte, wenn wir weinten.

Mit uns lebte die ausgebildete Kinderschwester Paula Züfle, wir nannten sie nur »Schwester Paula«. Ganz groß mit roten Haaren. Sie war sehr streng und hat uns richtig erzogen. Außerdem gab es noch die Haushälterin Wilhelmine Leidheuser. Für uns hatte sie keinen Vornamen. Sie hieß einfach »Fräulein Leidheuser«. Ich liebte sie, wie auch mein jüngerer Bruder Arnold und ich ihre Lieblinge waren. Immer wenn es Probleme mit Schwester Paula gab, weil sie wieder einmal zu streng war, lief ich in die Küche zu Fräulein Leidheuser und ließ mich trösten. Sie war für das Essen zuständig. Ich habe damals schon gern gegessen und bekam in der Küche immer etwas zu probieren oder durfte die Teig- oder Puddingschüssel ausschlecken.

Auf der Terrasse und dem unbefestigten Weg vor dem Haus sind wir Kinder ständig hingefallen, oft hatten wir aufgeschlagene Knie. Damit sind wir auch zu Fräulein Leidheuser gelaufen. Oder wenn wir mal in die Hose gemacht hatten. Fräulein Leidheuser war für unsere Kindersorgen und -nöte immer da.

Manchmal wurde aus Berlin Fräulein Klara angefordert, um im Haushalt auf dem Obersalzberg zu helfen. Klara Samuel, deren biblischer Name mit ihrer hugenottischen Herkunft zusammenhing, kam aus dem Spreewald und arbeitete bei uns in der Familie bereits in unserem Haus in Schlachtensee. Eigentlich sorgte sie für meinen Vater in Berlin, begleitete ihn bei allen Umzügen und führte ihm bis Kriegsende den Haushalt.

Ich vermißte die Mutter damals nicht bewußt, ich hatte ja meine Geschwister. Mein Lieblingsbruder war der ein Jahr

Albert, Hilde, Fritz und Margret Speer mit Schwester Paula, Obersalzberg 1940

ältere Fritz, wir steckten fast immer zusammen, wie Zwillinge. Wir sahen uns auch sehr ähnlich, das ist noch heute so.

Meine größeren Geschwister litten stärker darunter, daß die Eltern so oft weg waren und daß Schwester Paula uns häufig schimpfte und uns manchmal auch schlug. Ich fand es in Ordnung, wie es war, ich kannte es nicht anders. Und ich hatte es als viertes Kind in vielem leichter.

Die seltenen Male, die mein Vater bei uns zu Hause auf dem Obersalzberg auftauchte, waren wie ein hoher Feiertag. »Der Herr Speer ist da«, hieß es dann, und wir Kinder durften morgens zu ihm ins Schlafzimmer. Das war für mich das Höchste der Gefühle überhaupt. Aber wir durften nur ein bißchen auf dem Bett herumhopsen. Von seinem Frühstück bekamen wir kleine Happen ab, dann wurden wir schnell wieder hinausgeworfen.

Als kleines Mädchen bewunderte ich meinen Vater, auch dafür, daß er, wie uns erzählt wurde, die Neue Reichskanzlei Hitlers in Berlin in so kurzer Zeit gebaut hatte. Mein Vater war ganz groß und hatte ein scheues Lächeln. Er wurde nie laut mit uns Kindern, in meiner Erinnerung schimpfte er nie mit uns. Andererseits hat er sich um unsere Erziehung einfach nicht gekümmert. Ich bin mir nicht sicher, wie viel ihm Kinder und Familie wirklich bedeutet haben. Ich glaube, er betrachtete uns als Spielzeug. Er machte mit uns Unsinn, Späße wie ein Lausbub, und dafür liebten wir ihn alle.

Eine für ihn typische Unternehmung war es, uns Kinder in seinen tollen offenen Sportwagen zu packen und mit uns ganz schnell in der Gegend herumzufahren. Wir Kinder hatten alle großen Spaß dabei und quietschten vor Freude. Von einer dieser Ausfahrten gibt es ein Foto: Wir sitzen im offenen Wagen und schauen alle zu Fräulein Leidheuser, die etwas Lustiges gesagt haben muß, nur mein

Vater blickt auf diesem Bild routiniert in die Kamera und von der Familie weg. Unsere Mutter war bei diesen Spritztouren nie dabei.

Einmal an Weihnachten stand mein Vater in seinem dicken Mantel vor der Tür, darunter hatte er einen kleinen Langhaardackel als Überraschung für uns versteckt. »Ruppi« war unser schönstes Geschenk. Mein Vater selbst liebte große Hunde, die jedoch in Berlin blieben; auf dem Obersalzberg habe ich diese Hunde nie gesehen. Später, in den frühen fünfziger Jahren, als wir einen Hund haben wollten, organisierte mein Vater vom Gefängnis aus, daß wir wieder einen Langhaardackel bekamen.

Am Obersalzberg hielten wir Kaninchen, wie das damals viele Leute taten. Mit den Jungen, die sie bekamen, haben wir Kinder viel gespielt. Jedes Kaninchen gehörte einem von uns Kindern und hatte einen Namen. Wenn wieder ein Kaninchen fehlte, erzählte uns Fräulein Leidheuser, es sei weggelaufen. Dabei lag es auf dem Teller, und wir haben es gegessen. Eine Zeitlang glaubte ich ihre Geschichten, später wußte ich, daß es Märchen waren, weil meine älteren Geschwister mich damit aufzogen, was man mir alles weismachen könne.

Am 6. Dezember kam jedes Jahr der Nikolaus, er betrat das Haus in seinem roten Mantel, und wir Kinder standen ehrfürchtig vor ihm. Er hatte ein großes Buch in der Hand, aus dem er vorlas. Über jedes Kind wurde etwas gesagt, vor allem wenn wir frech gewesen waren. Draußen wartete Knecht Ruprecht und rasselte mit der Kette. Er sollte die bösen Kinder bestrafen. Ich fand das Kettengerassel furchtbar. Gemeinsam mit meinem Bruder Fritz sperrte ich mich im Klo ein, damit sie uns nicht fanden. Die Großen wußten längst, daß der Nikolaus unsere Haushälterin Fräulein Leidheuser war und daß man sich auch vor Knecht Ruprecht nicht zu fürchten brauchte. Aber ich hatte richtig Angst.

Margret Speer, Obersalzberg 1941

Margret Speer, Obersalzberg 1942

Albert, Hilde, Fritz und Margret Speer, Obersalzberg 1942

Albert Speer mit Fräulein Leidheuser, Hilde, Albert, Fritz, Arnold, Margret Speer, Obersalzberg 1943

Albert Speer mit Margret, Fritz, Hilde, Arnold und Albert, Obersalzberg 1942

Unser Alltagsleben auf dem Obersalzberg fand, wann immer es ging, im Freien statt. Meine Mutter hatte das Gedankengut der Reformbewegung übernommen. Sie achtete sehr auf ihre und unsere Gesundheit. Frische Luft und Sonne, Skilaufen und Wandern galten als gesund.

In den Wintern auf dem Obersalzberg mußten wir schon vor dem Frühstück rohes Sauerkraut essen. Zum Essen durften wir nichts trinken, weil es den Appetit verdirbt. Äpfel mußten wir mit Schale und Kerngehäuse verzehren. Aus Löwenzahn und Sauerampfer von der Wiese wurden Salat und Suppe gemacht, auch das galt als ungeheuer gesund. Fleisch gab es aus Überzeugung eher selten. Wir hatten eine Höhensonne, von der wir uns im Winter bestrahlen ließen. Im Sommer durften wir viel nackt im Freien herumlaufen, immer raus an die frische Luft. Wir waren als Kinder nie krank, und selbst jetzt, mit gut über sechzig und siebzig, sind wir noch alle einigermaßen gesund.

Mein ältester Bruder Albert und später auch meine Schwester Hilde gingen in Berchtesgaden zur Schule. Sie mußten morgens zu Fuß vom Obersalzberg hinunterlaufen und mittags wieder hinauf. Es war eine ordentliche Wegstrecke, die man heute keinem Kind mehr zu Fuß zumuten würde.

Die Lebensmittel wurden uns zum großen Teil gebracht, nur die Milch mußte von dem Bormannschen »Gutshof«, der weit unterhalb unseres Hauses lag, geholt werden. Ich bekam die Milchkanne in die Hand gedrückt und wurde mit einem der größeren Geschwister losgeschickt. Mir schmeckte die kuhwarme Milch so sehr, daß ich nicht widerstehen konnte und auf dem Rückweg die Kanne schon halb leer trank.

Von unserem Haus auf dem Obersalzberg aus sah man hinüber auf das Watzmann-Massiv. Wenn es zum Nachtisch Eierschnee gab, behauptete Fräulein Leidheuser, sie hätte den Schnee vom Watzmann geholt. Ich glaubte das und fand es toll, daß sie eigens dahin lief und den Schnee holte.

Manchmal wurden wir Kinder zu Vorführungen der Propaganda-»Wochenschauen« in die große Theaterhalle oberhalb unseres Hauses mitgenommen. Daran erinnere ich mich genau, wir saßen weit vorne, wahrscheinlich mit Schwester Paula oder Fräulein Leidheuser, und ich sah meinen Vater ganz groß auf der Leinwand. Er war damals schon Rüstungsminister, seine Leistungen für die Kriegsproduktion wurden gelobt, und ich war stolz auf meinen Vater.

Auf dem Obersalzberg haben wir Kinder nichts vom Krieg zu sehen bekommen. Keine Bombe, keine Zerstörung, nichts von dem, was für Millionen anderer Kinder in Deutschland und Europa jahrelang zum Kriegsalltag gehörte. Wir wußten nicht, was Krieg eigentlich bedeutete. Die Bombardierung des Geländes durch britische Bomber am 25. April 1945 geschah, nachdem wir den Obersalzberg verlassen hatten.

In unserem Haus gab es keine nationalsozialistischen Symbole, keine Uniformen und keinen Hitlergruß, jedenfalls kann ich mich nicht daran erinnern. Nationalsozialistischen Ritualen und Uniformen begegneten wir nur bei den Besuchen auf dem Berghof. Unsere kindliche Begegnung mit dem »Dritten Reich« blieb, so paradox das klingen mag, vorwiegend privat. Wir waren gerngesehene, gelegentliche Besucher seines »Führers«, die vorzeigbare Begleitung meiner Eltern, quasi die lebendige Dekoration von Hitlers Geburtstagsfeiern. Im Gegensatz zu den Bormann-Kindern, die von ihrem fanatischen Vater nationalsozialistisch erzogen wurden, wahrten meine Eltern, zumindest nach meinem Eindruck, trotz der exponierten Stellung meines Vaters in dieser Beziehung eine gewisse Distanz. Ich vermute, daß auch das Personal von meiner Mutter sorgfältig ausgesucht war, es sollte uns in keinerlei Weise beeinflussen. Eines meiner älteren Geschwister wurde von Schwester Paula scharf zurechtgewiesen, als es in Berchtesgaden einmal »nur so« den rechten Arm zum Gruß erhob.

Ich erinnere mich, daß es einen großen Krach gab, weil eines der Mädchen, die im Haushalt halfen, uns Kindern das Lied »Lili Marleen« vorgesungen hatte. Es galt als Soldatenlied und war die Erkennungsmelodie des deutschen Soldatensenders »Radio Belgrad«, und uns wurde erklärt, es sei ein böses Lied. Ich verstand damals nicht, was Schlimmes daran war, denn ich fand das Lied schön.

Die Farbfilme, die mein Vater auf dem Obersalzberg und an anderen Orten von uns aufgenommen hatte, schauten wir uns nach dem Krieg in Heidelberg jedes Jahr zu Weihnachten zusammen mit unserer Mutter an. Mein Vater saß damals bereits im Spandauer Gefängnis. Meine Geschwister und ich, wir erinnern uns alle gerne an jene Zeit auf dem Obersalzberg. Es war eine Kindheit auf Hitlers Obersalzberg, aber für uns war es eine glückliche Kindheit, das sagen alle.

Flüchtlinge in Oehe

Das Kriegsende 1945 erlebten wir an der Ostsee. Mein Vater hatte veranlaßt, daß wir in Oehe bei Kappeln an der Schlei, in der Nähe des Sitzes der letzten »Reichsregierung« unter Großadmiral Dönitz, Unterschlupf fanden.

Unser Zufluchtsort war ein großes Gutshaus voller Flüchtlinge mit vielen Kindern, wir lebten dort über ein Jahr lang in zwei Zimmern, auf engem Raum, ganz anders als im großen, komfortablen Bauernhaus auf dem Obersalzberg. Das Gut mit Gutshaus und Bauernkaten lag direkt an der Ostsee, umgeben von einem Park. Der nächste größere Ort, Maasholm, war mehrere Kilometer entfernt. Zu essen gab es wenig, jeden Tag Dorsch und vor allem Dorschleber – Fisch war genügend vorhanden. Wir haßten Fisch.

Ich sollte eigentlich die erste Klasse in Maasholm besuchen. Zur Schule mußte ich einen weiten Weg am Wasser entlang laufen, aber dazu kam es nur selten, denn oft durfte ich wegen Sturm und aufgepeitschter See zu Hause bleiben. Wir Kinder stromerten stundenlang in der Gegend herum und erkundeten alles, ohne daß uns jemand vermißt hätte.

Eines Tages, Ende April 1945, erschien über uns am Himmel ein kleines Flugzeug. Alle rannten hinaus auf die Wiese und schauten hoch. Ich kann mich noch genau erinnern, wie das Flugzeug mehrmals über dem Gutshaus kreiste und ich sofort fühlte, daß es mein Vater war. Meine Brüder fürchteten dagegen zunächst einen Angriff alliierter Flieger und warfen sich auf die Erde. Das Flugzeug war ein »Fieseler

Storch«, eine kleine, wendige Maschine. Sie kam immer näher und näher und landete schließlich auf einer Wiese in der Nähe des Gutes. Aus dem Flugzeug stieg breit lachend mein Vater. Wir Kinder rannten hin und umringten ihn schreiend vor Freude. Ich war stolz, so einen Vater zu haben. Alle möglichen Leute liefen zusammen und betrachteten das Schauspiel. Sein Auftritt war effektvoll und kurz. So würde mir der Vater meiner Kindheit in Erinnerung bleiben: Er blieb eigentlich unerreichbar und war selten da, er liebte Überraschungsbesuche und hatte verrückte Einfälle.

Nachdem er ein letztes Mal in Berlin Hitler besucht hatte, war er auf dem Weg in den von den Alliierten noch nicht besetzten Norden Deutschlands nach Oehe gekommen, um sich auch von seiner Familie zu verabschieden. Ich kann mich nicht erinnern, wie lange er blieb, bevor er wieder am Himmel verschwand.

In seinen »Erinnerungen« (Seite 501f.) erwähnt er noch mehrere Besuche mit dem Auto, die er bis zu seiner Festnahme durch die Briten unternahm. An diese Besuche kann ich mich überhaupt nicht erinnern. Der Krieg ging zu Ende. Ich war sieben Jahre alt und sollte meinen Vater danach neun Jahre nicht mehr sehen.

Auf dem Weg zu seinem letzten Treffen mit Hitler in Berlin am 23. April 1945 schrieb er am 22. April einen Brief an meine Mutter, in dem er ihr andeutete, daß er nicht mit Hitler in den Tod gehen werde (siehe dazu auch seine Interpretation in den »Erinnerungen«, Seite 480):

Meine liebe Gretel,
sicher wird alles gut vorübergehen. Daran mußt du die nächsten Wochen fest glauben. Ich verlasse mich darauf, daß Du, wie immer in Deinem Leben, fest und ruhig bleibst. [...]

Ich freue mich darauf, mit Dir ein neues Leben aufzubauen.

So ein Vorsatz ist nur mit Dir möglich. Vieles unnatürliche wird wegfallen und dadurch manches viel schöner werden.

Ich schlage mich jetzt die letzten Tage und Wochen für Dich durch. Sonst würde ich vielleicht doch anders handeln und damit den leichteren Weg gehen. Mein Ziel: Dich und die Kinder durchzubringen, werde ich sicher erreichen. – Bis jetzt habe ich noch immer das erreicht, was ich wollte.

Wenn wir uns wiedersehen, wird vieles klar sein.

Dann wollen wir zusammen sein wie in unseren ersten Jahren, in denen wir glücklicher waren wie in den späteren, »erfolgreichen« Zeiten.

Es grüßt und küßt Dich von ganzem Herzen
immer Dein Albert

Mein Vater machte meiner Mutter Hoffnung, an die frühen, glücklichen Ehejahre mit ihr bald wieder anknüpfen zu können. Doch am 23. Mai 1945 wurde die Regierung Dönitz in Flensburg von den Briten verhaftet; und auch mein Vater wurde in seinem Quartier auf Schloß Glücksburg festgenommen und nach Flensburg gebracht. Karl Dönitz hatte 23 Tage als von Hitler eingesetztes letztes Staatsoberhaupt des »Dritten Reiches« amtiert, mit meinem Vater als Wirtschaftsminister. Bereits zu dieser Zeit hatten die Verhöre durch die Amerikaner eingesetzt. Sie waren vor allem an Informationen über die Auswirkungen des alliierten Luftkrieges auf die deutsche Infrastruktur und Rüstungsproduktion und die von meinem Vater veranlaßten Schutz- und Gegenmaßnahmen interessiert.

Einige Tage lang lebte er in einer schizophrenen Situation – vormittags saß er als Minister in einer Kabinettssitzung der kaum noch handlungsfähigen Regierung Dönitz, nachmittags führte er Gespräche mit den Amerikanern über seine Tätigkeit der letzten Jahre.

Nach seiner Gefangennahme wurde mein Vater nach Aufenthalten in Flensburg, im luxemburgischen Grenzort Mondorf-les-Bains und in Versailles im Juni 1945 nach Schloß Kransberg im Taunus gebracht.

Hier versammelten die Alliierten vor allem die technische und administrative Intelligenz des »Dritten Reiches« sowie zahlreiche Großindustrielle und Rüstungsexperten, darunter führende Mitarbeiter des ehemaligen Speer-Ministeriums. Meinen Vater verband eine persönliche Erinnerung mit dem Ort: 1939 hatte er selbst die Burg als Hauptquartier Hermann Görings ausgebaut.

Über den Alltag in Kransberg, seine verschiedenen Stationen und die Lage in Heidelberg, wo seine Eltern und Schwiegereltern lebten, schrieb er meiner Mutter am 10. August 1945 nach Oehe:

[...] Zunächst: es geht mir weiter recht gut. Ich bin schon seit einigen Wochen wieder in Deutschland in einer sehr schönen, heimatlichen Umgebung. Der Bau stammt sogar teilweise von mir!

Wir sind hier mit vielen guten Bekannten zusammen, machen viele Vorträge aus Wissenschaft und Technik und haben alle 14 Tage sogar ein kleines, eigenes »Kabarett«.

Nachdem es keine Fotoapparate mehr gibt, fange ich wieder an zu zeichnen. Es geht noch schlecht, aber ich werde es schon wieder lernen. Im übrigen habe ich sehr viel zu arbeiten – geistig –, was ich als besonders wohltuend empfinde.

Von meinen Sekretärinnen höre ich zu meiner Beruhigung, daß es Euch noch gut ging. Hoffentlich bleibt es weiter so. Ich habe Sorgen, daß Ihr den Winter übersteht.

In Heidelberg soll es Deinen und meinen Eltern recht gut gehen. Sie mußten allerdings aus ihren Häusern, da das ganze Viertel für die Amerikaner geräumt wurde. Sie sollen bei Bekannten untergekommen sein.

Trotzdem könnt Ihr jetzt noch nicht nach Heidelberg, da Ihr dort nicht unterkommt. Wenn es sich irgendwie einrichten läßt, dann bleibt dort, wo Ihr jetzt seid.

Wenn ich mich nur etwas um Euch kümmern könnte. Das ist der einzige Kummer, den ich zur Zeit habe.

Wie lange ich noch hier bleibe und wie sich die Zukunft gestaltet, ist noch nicht abzusehen. Bis jetzt läßt sich noch nichts Bestimmtes sagen. Du brauchst Dich jedenfalls nicht zu beunruhigen. Zur früheren »Politik« bin ich noch nicht herangezogen worden. Hoffentlich bleibt es dabei. [...]

Mein Vater hatte Sorge, daß auch meine Mutter verhaftet werden könnte. Über seine eigene Situation vermittelte er jedoch kein allzu negatives Bild:

Cransberg, 5. IX. 1945

An meine Frau.
Ihr braucht Euch um mich nicht zu sorgen. Es geht mir nach wie vor recht gut. Ich bin ausgezeichnet untergebracht und wohne nun schon seit 8 Wochen in einer wirklich schönen Umgebung. Bin braungebrannt, frisch und gut erholt.

[...]

Da wir Truppenverpflegung haben, ist auch dieser Teil des Daseins durchaus befriedigend. Ich möchte hoffen, daß es Euch so gut geht. – Die Sorgen, die ich um Euch habe, sind viel größer.

Ihr könnt mir nur einen Gefallen tun und Euch nicht um mich sorgen. Glaubt nicht, daß alles, was Ihr im Rundfunk hört, immer gleich auf mich angewandt wurde. Das stimmt bis jetzt in keiner Weise. – Außerdem weiß ich noch nicht einmal, wer mir was vorwirft. Es wird zwar schon noch kommen. Aber dann werde ich mich gut wehren können und dabei trotzdem anständig bleiben. [...].

Aber zunächst seid ohne Sorge. – Du weißt ja, daß ich in den letzten Monaten des Krieges mehr Glück als Verstand hatte, das war bestimmt gefährlicher als der heutige Zustand.

Wir haben das Pech, zuerst durch die viele Arbeit uns kaum gehabt zu haben, und jetzt müssen wir wieder voneinander getrennt sein. Ich denke viel an unsere Faltbootfahrten und Touren in die Silvretta. Das wird bestimmt wiederkommen. Du mußt an ein gutes Schicksal glauben, das gerecht urteilt, und wenn es so ist, dann brauche ich mir keine Sorgen zu machen. – Das Leben wird uns schon wieder zusammenbringen.«

Und kurze Zeit später schrieb er:

Cransberg, 24. IX. 1945

An meine Frau.
Ich bin traurig, kein »Poet« zu sein, um so meine Sehnsucht nach der Familie so richtig mitteilen zu können.

Dabei bin ich zuversichtlich und guter Dinge. Ich habe kein schlechtes Gewissen, und daher hoffe ich, mit Erfolg zu bestehen. Sei guten Mutes und glaube an eine gute Vorsehung, die uns wieder zusammenbringen wird.

Lasse das Grübeln über das Schicksal und bekenne Dich zu einer frohen und zuversichtlichen Einstellung zum Leben. Du kannst mir keine größere Freude bereiten. – Es geht mir weiter gut, besser denn je. Die schweren Anstrengungen der letzten Kriegsjahre habe ich auskuriert. Ich habe unter den Engländern und Amerikanern viele gefunden, denen ich Achtung abgewonnen habe. Ich hoffe, daß es weiter so bleibt. Jedenfalls werde ich mich nicht so blamieren wie die anderen »Tapferen« von früher.

Noch bin ich weiter auf dem schönen Schloß im Taunus und nicht in Nürnberg, wie die anderen. Der Herbst ist wunderbar hier und das Essen immer besser. […]

Dann habe ich ein schönes Einzelzimmer mit einem Feldbett und guten Decken. Darin sind sogar ein Tisch und ein Stuhl, der von mir als Architekt 1940 gezeichnet wurde.

Ich wünschte nur, daß es Euch auch so gut ginge und daß ich etwas von meinem Essen an Euch abgeben könnte. – Macht auf keinen Fall den Fehler und geht [...] in das russische Gebiet und wenn alles auch noch so normal aussieht, das müßt Ihr mir versprechen. Ich hätte sonst keine ruhige Stunde mehr – denn die Russen lieben mich sicher nicht, da ich in der letzten Phase und auch danach dem »Westen« gegeben habe, was ich konnte.

Wenn ich die Briefe heute lese, kann ich den Optimismus meines Vaters kaum verstehen, als wäre ihm so vieles, was in den letzten Jahren an furchtbaren Dingen geschehen war, wirklich nicht klar gewesen. Ich bin sicher, er meinte das alles damals ehrlich, um so mehr erstaunt mich seine Naivität. Vielleicht machte ihn auch die gute Behandlung und Anerkennung seiner organisatorischen Leistungen durch die Amerikaner bei den Verhören in Glücksburg so zuversichtlich.

Wir blieben weiter in Oehe wohnen. Im Januar 1946 wurden wir Kinder dort gemeinsam getauft. Bis 1945 war das offensichtlich unterblieben, weil es politisch nicht opportun gewesen war. Nun kam ein evangelischer Pfarrer und nahm die Haustaufe vor. Daß meine Mutter uns taufen ließ, war sicher auch eine Reaktion auf die völlig veränderten politischen Verhältnisse. Sie wollte uns Kinder einfach für die Zukunft mit allem wappnen, was unsere Lage verbessern konnte. Wir sollten nicht anders sein als die anderen Kinder. Meine Mutter war keine besonders gläubige Frau und ging nach dem Krieg nicht regelmäßig zur Kirche, hatte aber später in Heidelberg trotzdem häufigen Kontakt mit der evangelischen Gemeinde und deren Pfarrer, bei dem wir dann auch konfirmiert wurden.

Im April 1946 reiste meine Mutter nach Nürnberg, wo die Kriegsverbrecherprozesse stattfanden und wohin mein Vater inzwischen gebracht worden war. Sie wurde jedoch nicht zu ihm vorgelassen, sondern konnte nur seinen Anwalt Dr. Flächsner treffen, worauf mein Vater in einem Brief einging:

April 1946
Es war wirklich schwer für mich, Dich hier in Nürnberg zu wissen und Dich noch nicht einmal sehen zu können. So hat mir Flächsner erzählt und mich durch den tapferen Eindruck, den Du auf ihn machtest, sehr erfreut. – Und Du hast sicher viel von mir gehört, und das wird Dich auch beruhigt haben.

Im Sommer 1946 machte sich meine Mutter schließlich auf und reiste mit meinen beiden ältesten Geschwistern in einer zweitägigen Fahrt von der Ostsee zu ihren Eltern nach Heidelberg. Die Großeltern Weber waren wohlauf, sie hatten schon voller Sorge auf meine Mutter gewartet und bereits Betten für uns Kinder besorgt. Wir vier Kleinen waren mit Fräulein Leidheuser, die uns an die Ostsee nachgefahren war, in Oehe geblieben, um zu warten, daß meine Mutter uns nachholte. Es dauerte eine gute Woche, bis sie zurückkam, um alle Kinder zu ihren Eltern heim nach Heidelberg zu bringen.

Jugend in Heidelberg

In Heidelberg waren meine Eltern aufgewachsen, und Heidelberg würde auch meine Heimat werden, der Ort, an den ich immer wieder zurückkehren konnte, später, wenn ich Hilfe brauchte mit meinen Kindern, aus dem Irak, aus Amerika, aus Berlin. Immer waren wir in Heidelberg willkommen und sofort zu Hause.

1928 hatte mein Vater am Stadtrand von Heidelberg, Richtung Schlierbach, am Hausackerweg ein Mehrfamilienhaus für seine Schwiegereltern gebaut; etwas oberhalb der Stelle, wo früher die Zimmerei meiner Großeltern und Urgroßeltern gelegen hatte, die sie abreißen mußten, als die Eisenbahnlinie am Neckar entlang entstand.

Das Haus beherbergte zwei Wohnungen mit je einer großen, zum Neckar hin gelegenen Veranda und ein Dachgeschoß, alles noch im Sinne Tessenows, klar, gerade Linien, ohne Verzierung, der sachliche Stil. Für das Wohnzimmer hatte mein Vater die Möbel entworfen, sie stehen heute im Haus meiner Eltern im Allgäu. Von allen Bauten, die ich von meinem Vater kenne, ist mir das Haus am Hausackerweg das liebste. Leider verkauften es die Großeltern und die Großtante in den vierziger Jahren, und als wir nach dem Krieg dorthin zurückkehrten, gehörte es den Großeltern bereits nicht mehr, sie wohnten dort im Erdgeschoß zur Miete.

Die Wohnung bestand aus Küche und Bad, einem Eßzimmer, einem großen Wohnzimmer und einem Schlafzimmer. So lange wir dort wohnten, stand alles voller Betten.

Das Haus am Hausackerweg, Heidelberg 1930

Das Haus war von den Amerikanern nicht beschlagnahmt worden, da es ihren Ansprüchen nicht genügte. Außerdem hatte mein Großvater uns sechs Kinder und die vier Kinder aus den oberen Stockwerken um sich geschart, als die amerikanische Kommission zur Besichtigung kam; vielleicht trug auch der Anblick der vielen Kinder dazu bei, daß wir hier wohnen bleiben durften.

Mein Großvater hatte die Zimmerei an der Schlierbacher Landstraße nicht weit außerhalb Heidelbergs in jungen Jahren übernehmen müssen, da sein Vater überraschend gestorben war. Mit Mühe konnte er seinen Baumeister an der Baugewerkschule in Karlsruhe machen. Das Geld für den Haushalt, von dem wir sechs Kinder, meine Mutter

Das Wohnzimmer mit Möbeln nach Entwürfen von Albert Speer, Heidelberg 1930

und die Großeltern in den ersten Nachkriegsjahren lebten, verdiente mein Großvater als vereidigter Schätzer. Er schätzte Gebäude in Heidelberg und Umgebung und brachte von seinen Fahrten aufs Land Lebensmittel mit. Gespannt packten wir Kinder jedesmal seinen Rucksack aus und freuten uns über Speck, Eier, Mehl und Kartoffeln. Zu essen gab es nicht viel, die Lebensmittelkarten reichten kaum aus, anfangs hatten wir überhaupt keine, weil meiner Mutter noch die Zuzugsgenehmigung nach Heidelberg fehlte.

Mit meiner Mutter und dem Großvater Weber zogen wir Kinder im Sommer und Herbst oft nachmittags mit dem Leiterwagen los, um aus dem Obstgarten der Großeltern

Speer am Schloß-Wolfsbrunnenweg Äpfel und Birnen zu holen, aus denen Großmutter Lina und meine Mutter Blechkuchen machten. Die besten Äpfel wurden im Keller für den Winter eingelagert.

Großmutter Lina war eine gute Köchin, sie zauberte stets etwas aus dem Wenigen, das es gab. Im Keller standen Einmachgläser, ein Tontopf mit Eiern in einer weißen Brühe, ein Faß mit eingelegtem Sauerkraut. In der Waschküche wurde in dem großen Waschkessel mit Hilfe aller Hausbewohner tagelang Rübensaft gekocht.

Wenn mein Großvater da war, saß er um Punkt zwölf Uhr am Tisch, nahm Messer und Gabel in die Hand und rief: »Lina, wo bleibt das Essen!« Im Gegensatz zu dem liebens-

Die Belegschaft der Zimmerei Weber, 1917. Margarete Weber in der ersten Reihe links

Großvater Weber, Heidelberg 1946

Großmutter Weber, Heidelberg 1952

Die Zimmerei der Großeltern Weber an der Schlierbacher Landstraße, Heidelberg 1917

Margarete Weber im Alter von 18 Jahren, 1923

Albert Speer im Alter von 16 Jahren, 1921

wert strengen Großvater war die Großmutter fröhlich und voll lustiger Geschichten, die sie uns in ihrem Heidelberger Dialekt erzählte.

Meine Eltern lernten sich 1922 kennen, beide waren damals siebzehn. Auf seinem täglichen Schulweg kam mein Vater an der Zimmerei in der Schlierbacher Landstraße vorbei, und da guckte er sich meine Mutter aus. Er freundete sich mit ihrem Vetter Fritz an, und so durften meine Mutter und ihre Kusine mit Fritz und ihm ins Theater gehen oder in die Oper nach Mannheim fahren. Meine Mutter muß ein sehr schönes, ganz natürliches Mädchen gewesen sein. Mein Vater war von der einfachen, fröhlichen Familie fasziniert. Er habe sich mehr die Familie ausgesucht als sie, bemerkte meine Mutter später oft mit leichter Ironie.

Ich kann mir gut vorstellen, was meinem Vater an der Familie meiner Mutter so gefallen hatte. Hier fand er die Zuneigung und Herzlichkeit, die er zu Hause vermißte. An der Schlierbacher Landstraße herrschten Fröhlichkeit und Ausgelassenheit, es war ein offenes Haus, die Gesellen kamen zum zweiten Frühstück, und es gab Hausmannskost und Wein für die ganze Mannschaft, wie das in der Pfalz üblich war.

Mit seinen zukünftigen Schwiegereltern verband ihn auch die Begeisterung für das Wandern. Es existiert noch ein Fotoalbum, in dem mein Vater sorgfältig alle Skiwanderungen und Bergtouren in der Silvretta in den Jahren 1925 bis 1929 verzeichnete. Die Skitouren machten meine Eltern allein, wegen des unerschlossenen Geländes hatten sie oft einen Führer dabei. An den Wanderungen hingegen nahmen meist auch der zukünftige Schwiegervater und Freunde aus Heidelberg teil. Die Touren waren anstrengend, manch-

Albert Speer und Margarete Weber beim Skilaufen, 1925

mal wanderten sie über eine Woche lang von Hütte zu Hütte, bis zu acht Stunden am Tag.

Die vornehmen Großeltern Speer waren von der Liaison sicher nicht begeistert. So ein einfaches Mädchen, Tochter von einem Schreiner – obwohl die Schreinerei der Webers keine kleine Schreinerei war, sondern ein richtiges Baugeschäft.

Jedenfalls haben meine Eltern am 28. August 1928 in Berlin geheiratet, ohne es groß anzukündigen. Mein Vater lud seine Eltern nicht zur Hochzeit ein, nur die Eltern meiner Mutter waren dabei. An seine Eltern schickte er ein Telegramm: »Wir haben geheiratet. Albert und Gretel.« Nach der Hochzeitsreise stattete er seinen Eltern einen kurzen Besuch in Heidelberg ab und stellte seine Frau vor.

Als Hochzeitsreise unternahmen meine Eltern eine ausgedehnte Paddelbootfahrt in der Umgebung Berlins, mit dem Zelt. Auch Paddeln und Rudern, obwohl damals populär, waren natürlich keine Sportarten, an denen die Großeltern Speer besonderen Gefallen fanden. Aber mein Vater kümmerte sich nicht darum, er machte es einfach. Und meine Mutter machte mit.

Wie die Großeltern Weber waren auch die Eltern meines Vaters während des Kriegs in Heidelberg wohnen geblieben. Mein Großvater väterlicherseits, der ein angesehener Architekt in Mannheim gewesen war und viel Geld verdient hatte, baute 1905, im Geburtsjahr meines Vaters, hoch über dem Neckartal am Schloß-Wolfsbrunnenweg ein Haus, das die Familie als Ferienhaus benutzte. Erst im Herbst 1918 zogen sie endgültig von Mannheim nach Heidelberg um. Das Haus stand nahe am Wald und war von einem riesigen Garten und einer Obstwiese umgeben. Die Kinder sollten nicht in Mannheim aufwachsen und »zu unvornehmen, schmutzigen Großstadtkindern« werden, das war der leitende Gedanke des Großvaters gewesen. Wahrscheinlich

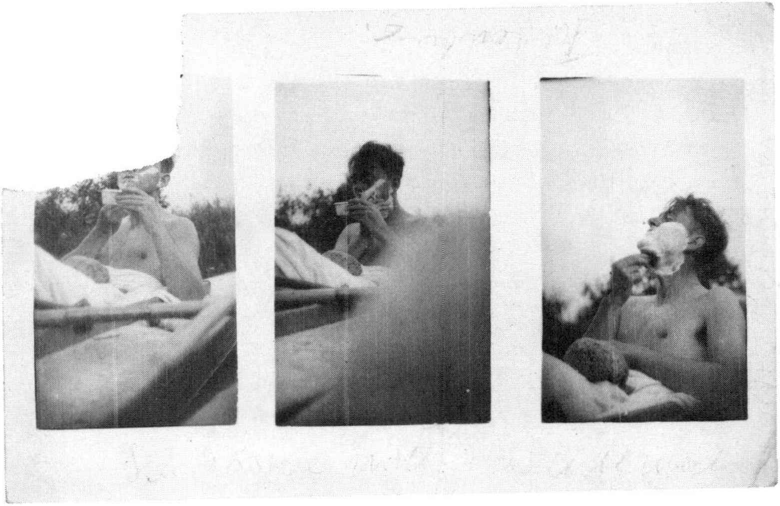

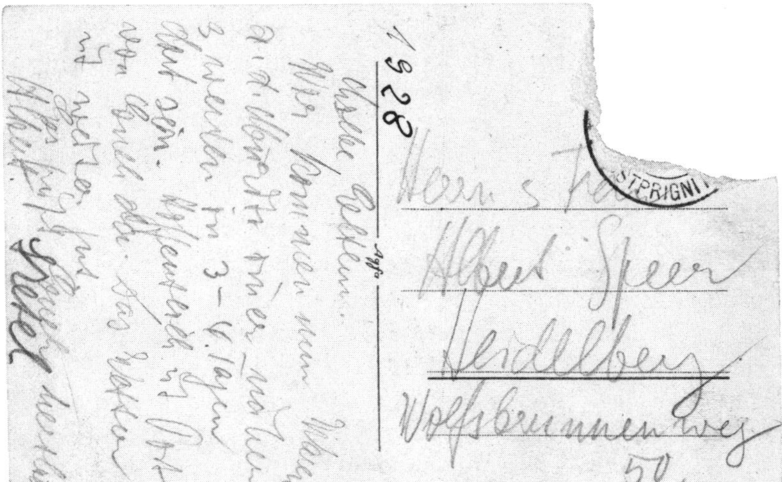

Albert Speer beim Rasieren im Faltboot, Postkarte an die Eltern von der Hochzeitsreise 1928

Großmutter Speer, Heidelberg 1940

spielte auch die politische Situation für den Umzug eine Rolle, der Erste Weltkrieg war gerade zu Ende gegangen, und die Industriestadt Mannheim schien ihm zu unruhig.

Großmutter Speer hatte immer einen großen Haushalt geführt und zahlreiche Gesellschaften gegeben, zu denen eingeladen zu sein in Heidelberg als Ehre galt. Jeder wußte über die Jahrzehnte hin, da wohnen die Speers.

Großvater Speer war ein überzeugter Liberaler, der für den Nationalsozialismus nichts übrig hatte. Mein Vater hielt

Großvater Speer, Heidelberg 1940

deshalb seine Entscheidung für die Politik und Partei der Nationalsozialisten, die er mit dem Eintritt in die NSDAP 1931 besiegelte, lange Zeit vor seinem Vater verborgen. Auch seiner Mutter erzählte er nichts davon, die ihrerseits allerdings ebenfalls der NSDAP beitrat, ohne es der Familie kundzutun. Mutter und Sohn fanden erst später heraus, daß sie im selben Jahr heimlich in die Partei eingetreten waren.

Der mit meinen Eltern befreundete Bildhauer Arno Breker war einer der wenigen, der mit diesem Spannungsverhältnis zwischen Vater und Sohn leichthändig umgehen konnte. Er wagte sogar in den Kriegsjahren eine diesbezügliche Bemerkung:

Albert Speer war ganz der Sohn seines Vaters. Von ihm hatte er die Figur wie auch die begrenzte Neigung zur Mitteilsamkeit. Das Gegenteil war die Mutter – liebenswürdig, gewandt und immer bemüht, Motor eines animierenden Gesprächs zu sein. Sie besuchten uns in Jäckelsbruch. Das herrliche Sommerwetter gestattete es uns, im Garten Kaffee zu trinken. Mit Vater Speer hätte ich mich gern näher unterhalten. Er winkte ab: »Ich höre in letzter Zeit schwer.« »Wie unangenehm für Sie«, sagte ich, »da können Sie ja keine feindlichen Sender mehr hören …« Vater Speer lächelte mich verschmitzt an, amüsiert vom humorvollen Ton meiner Frage, während Mutter Speer und Sohn mißbilligende Blicke auf mich richteten. Natürlich war mir bekannt, daß Vater Speer für den Nationalsozialismus nichts übrig hatte, weshalb ich mir den an sich gewagten Scherz in diesem intimen Kreis nicht verkneifen konnte. Es blieb ja alles in der Familie. (»Im Strahlungsfeld der Ereignisse«, Seite 173)

Während wir uns in Heidelberg eingelebt hatten, ging in Nürnberg der Prozeß gegen die Hauptkriegsverbrecher dem Ende entgegen. Sowohl der Urteilsspruch des Gerichts als auch die Schlußworte der Angeklagten wurden im Rundfunk übertragen, so daß wir auch das Schlußwort meines Vaters am Radio verfolgen konnten.

Wenige Tage vorher hatte mein Vater an meine Mutter geschrieben. Es war der 28. August, ihr Hochzeitstag:

28. August 1946
Ich freue mich jedes Mal über Deine tapfere Gesinnung. Ich denke an die schweren Zeiten im Anfang zurück. Es war doch eine glückliche Zeit – trotz, oder gerade wegen unserer beschei-

denen Verhältnisse. Ich wünsche mir nur, mit Dir und unseren Kindern einige Jahre bescheidenen Glücks verleben zu dürfen. Vielleicht meint es das Schicksal gut mit uns beiden, wie schon so oft in unserem Leben. Ich sehe allem ruhig entgegen, weil ich weiß, daß ich mich auf Dich verlassen kann. Was auch kommt, es wird Dir gelingen, mit den Verhältnissen fertig zu werden.

Auf dem Kurfürstendamm: das Hochzeitsfoto von Margarete und Albert Speer, Berlin 28. August 1928

Was blieb meiner Mutter auch anderes übrig? Uns Kindern gegenüber gab sie sich stets optimistisch: Man wird schon sehen. Das Leben geht weiter. Man muß sich zusammenreißen. Wir haben sie in diesen Jahren nie weinen sehen – so wie sie überhaupt keine sehr emotionale Frau war. Aber sie strahlte Zutrauen aus, war fröhlich und wirkte nicht wie eine trauernde, vergrämte und allein gelassene Ehefrau. Wir waren, wenn auch nicht völlig ungeschoren, so doch noch gut davongekommen. Das wird sie gewußt haben, und dafür war sie dankbar. Der Aufforderung ihres Mannes, gute Laune zu bewahren, nachzukommen, fiel ihr nicht allzu schwer, denn diese Fähigkeit hatte sie von ihrer Mutter geerbt.

Nach ihren Angaben war meine Mutter kein Parteimitglied gewesen. Sie erzählte, mein Vater habe gesagt »Einer in der Partei reicht«. Fräulein Klara berichtete später ebenfalls, meine Mutter sei weder in der NSDAP noch in der »NS-Frauenschaft« gewesen. Auch ihr und dem übrigen Personal habe mein Vater verboten, in die Partei oder deren Organisationen einzutreten. Deshalb seien sie bei Besuchen auf dem Berghof »schief angesehen worden«. Ob meine Mutter an den Nationalsozialismus und Hitler glaubte und hinter seinem Regime stand, diese Frage kann ich nicht wirklich beantworten. Nach dem Krieg wurde sie meines Wissens weder als Nationalsozialistin interniert noch eingehender von den Besatzungsbehörden oder deutschen Stellen befragt.

Daß sie sich während des Krieges mit ihrem Mann in der Rolle von Hitlers Rüstungsminister wohl gefühlt oder politisch ganz identifiziert hat, kann ich mir einerseits nicht recht vorstellen. Andererseits glaube ich, daß sie den mit der politischen und beruflichen Prominenz meines Vaters verbundenen gesellschaftlichen Aufstieg mit ihm geteilt und zeitweise vielleicht auch genossen haben wird. Darüber wollte sie später jedoch überhaupt nicht mehr sprechen. »Laßt mich mit dem alten Zeug in Ruhe« – mit diesem Satz unterband sie rigoros und meist auch erfolgreich unsere Fragen. Es lag hauptsächlich an meiner Mutter, daß wir über die historische Rolle und die persönliche Verantwortung und Schuld meines Vaters in unserer Familie nie wirklich gesprochen haben.

Später gab meine Mutter bei Wahlen den badischen Liberalen, der FDP, ihre Stimme. Im eigentlichen Sinne »politisch« war meine Mutter meinem Empfinden nach zu keiner Zeit.

Im September 1946, in der Zeit zwischen dem Ende des Prozesses und der Urteilsverkündung, bemühte sich meine Mutter weiterhin darum, meinen Vater sehen zu dürfen, und erhielt schließlich auch eine Besuchserlaubnis.

Nach ihrem Besuch im Gefängnis schrieb mein Vater an meine Mutter:

28. September 1946
Ich danke Dir herzlichst für die schönen Stunden, die Du mir hier gegeben hast. Wie immer, haben wir wenig über die Gefühle gesprochen, die uns beide bewegten – aber wir brauchen dazu auch keine Worte.

Ich bin froh, weil ich nun weiß, daß auch Du die Kraft hast, ein schweres Schicksal durchzustehen. Du bist viel selbständiger und entschlossener geworden, und Du weißt selbst, worauf es ankommt. Das alles macht mir meinen Weg leichter. Du hast mir eine große Sicherheit gegeben.

Unsere Liebe ist schön in ihrer selbstverständlichen Ruhe. Dreiundzwanzig Jahre sind wir zusammen glücklich, wenn wir auch oft getrennt waren. So werden wir auch die kommende Zeit der Trennung mit unserer Liebe überstehen. Als ich Dich aber dieser Tage so vor mir sah, habe ich mich neu verliebt in Dich. Du bist noch viel edler und schöner geworden; Deine wenigen weißen Haare haben mich tief berührt.

Am 30. September und 1. Oktober 1946 wurden die Urteile verkündet. Die deutschen Radiostationen berichteten in einer Übertragung. Wir saßen im Eßzimmer meiner Großeltern Weber am Hausackerweg in Heidelberg um das Radio versammelt und drängten uns an den Lautsprecher, meine Mutter, ihre Eltern, meine Brüder und ich. Meine Schwester Hilde war von der Schule noch nicht nach Hause gekommen. Ihr liefen meine Brüder Fritz und Arnold mit der Nachricht zur Straßenbahn entgegen. Mein Vater war zu zwanzig Jahren Gefängnis verurteilt worden.

Zwanzig Jahre. Wenigstens nicht die Todesstrafe. Erleichterung und Enttäuschung machten sich gleichermaßen unter uns Kindern breit. Wir hatten in der Familie einerseits die Todesstrafe befürchtet und andererseits auf eine kürzere Haftstrafe gehofft.

Der Internationale Militärgerichtshof hatte meinen Vater in den Punkten III (Kriegsverbrechen) und IV (Verbrechen gegen die Menschlichkeit) für schuldig befunden. Vor allem seine leitende Mitwirkung an der Organisation der Zwangsarbeit im Rahmen der deutschen Kriegswirtschaft und Rüstung lag der Verurteilung zugrunde.

Neben Heß, Funk, Raeder, von Schirach, von Neurath und Dönitz zählte er zu jenen Hauptkriegsverbrechern, die mit unterschiedlich langen Haftstrafen davongekommen waren. Drei Freisprüche und elf Todesurteile wurden verkündet.

Im Herbst 1946 war Albert zwölf Jahre alt, Hilde zehn, Fritz neun, Arnold sechs, Ernst drei. Eine junge Familie ohne Vater im Haus, wie so viele in dieser Zeit, aber nicht, weil der Vater gefallen oder umgekommen war, sondern weil er für deutsche Verbrechen während des Krieges zur Verantwortung gezogen worden war.

Ich war damals erst acht Jahre alt. Noch ein Kind, aber vielleicht wäre ich doch schon groß genug gewesen, um einiges zu verstehen, wenn man es mir erklärt hätte. Schon vor dem Nürnberger Urteilsspruch muß die Rolle, die mein Vater in den Jahren des »Dritten Reiches« gespielt hat, zwischen meiner Mutter, deren Eltern und ihren Freunden ein häufiges Gesprächsthema gewesen sein. Meine Mutter hat uns wahrscheinlich auch von ihren Gefängnisbesuchen in Nürnberg im Juli und September 1946 erzählt. Doch ich kann mich heute nicht mehr ausreichend erinnern, ob ich damals wirklich mehr wissen wollte. Ich weiß heute nicht mehr, ob ich gefragt habe, warum mein Vater auf einmal vor ein Gericht gestellt und ins Gefängnis geschickt wurde, warum er auf einmal als Verbrecher bezeichnet wurde, nachdem er doch vorher in der »Wochenschau« gerühmt worden war und alle von ihm voller Respekt und Hochachtung gesprochen hatten.

Ich vermute, daß ich nach der Radiosendung das Zimmer verließ, weil mich die anschließende Unterhaltung der Erwachsenen nicht mehr interessierte. Ich nehme an, ich bin spielen gegangen.

Für mich war er ja auch damals kaum der Vater, an den ich mit Sehnsucht dachte, den ich wirklich vermißte. In den letzten Kriegsjahren, der Zeit, an die ich mich vor allem erinnern kann, war er kaum je zu Hause gewesen. Selbst zu Weihnachten zog er es fast regelmäßig vor, Reisen und Frontbesuche zu machen. Ich muß das als Kind auch als verletzend empfunden haben. Wie hätte ich also ein inniges Verhältnis zu ihm entwickeln können? Dazu gab er mir fast nie Gelegenheit.

Und doch, vielleicht auch gerade weil er sich uns und mir ständig entzog, hatte ich ihn sehr gemocht und immer bewundert. Er war, wenn wir ihn trafen, freundlich, lustig und nie streng mit uns Kindern, hatte Humor und war stets zu Streichen aufgelegt. Man sagte mir, daß er sehr erfolgreich gewesen war, zuerst als Architekt, der es mit seinem

Organisationstalent erreicht hatte, daß die für meine kindlichen Vorstellungen riesige Neue Reichskanzlei Hitlers in Berlin in neun Monaten fertig wurde; und dann als Minister, der mit Durchsetzungsvermögen und Improvisationsfähigkeit mitten im Bombenkrieg die deutsche Rüstungsproduktion noch erhöhte. Aber war das derselbe Mann, der bei uns gelegentlich zu Besuch gekommen war? Vielleicht habe ich von Beginn an meinen Vater als »privaten« Menschen gesucht und gesehen, den politischen und prominenten Vater – trotz allem kindlichen Stolz – davon trennen, ihn ignorieren wollen. Aber gerade vor diesem Hintergrund muß der Umstand, daß mein Vater nun als Verbrecher bezeichnet und verurteilt wurde, auf mich wie ein Schock gewirkt haben, denn mit all dem, wofür er nun beschuldigt wurde, war uns vorher seine ständige Abwesenheit begründet worden. Wir hatten gewissermaßen ein Opfer des Verzichts auf den Vater gebracht, weil dieser so wichtige Dinge zu tun gehabt hatte, auf die alle stolz waren, und nun galt dies auf einmal alles nicht mehr, wurde gar ins Gegenteil verkehrt. Nun war er auf einmal ein Kriegsverbrecher.

Um mehr über die Reaktionen auf die Urteilsverkündung in der Familie zu erfahren, nehme ich die Aufzeichnungen meiner Mutter zu Hilfe. In der ihr eigenen pragmatischen Art hielt sie den Tag der Urteilsverkündung in sachlichem Ton fest:

»Albert Speer zu zwanzig Jahren Gefängnis verurteilt.« […] Zuerst war da nur Erlösung; keine Todesstrafe. […] Wir saßen still vor dem Radio, und langsam lösten sich die Gedanken, 20 Jahre, ich war 41.

Die kühle Feststellung »20 Jahre, ich war 41« berührt mich beim wiederholten Durchlesen besonders. In ihr steckt eine tiefe Melancholie, als hätte meine Mutter damals gewußt, daß tatsächlich noch gut zwei Jahrzehnte für sie als Frau mit ihrem Mann verloren sein würden. Aus den Aufzeichnungen erfahre ich, daß spätabends noch Freunde meiner Großeltern zu Besuch kamen, um meiner Mutter und den Großeltern beizustehen.

Doch bereits in den nächsten Sätzen ihrer Erinnerungen geht es ihr, typisch meine Mutter, um die Anforderungen des Familienalltags:

Die Kinder habe ich am nächsten Tag nicht in die Schule geschickt; auch aus Angst, man könnte ihnen wehtun. [...] Nach der großen Aufregung kehren wir nach einigen Tagen zu unserem normalen Leben zurück. Es muß für 9 Personen jeden Tag ein Mittagessen auf dem Tisch stehen, die Kinder müssen gewaschen, angezogen sein.

Welche Angst sie wohl hatte, daß man uns wehtun könnte? Fürchtete sie körperliche Angriffe auf uns? Das kann ich mir kaum vorstellen, denke aber, daß sie Sorge hatte, man würde uns wegen unseres Vaters beleidigen und beschimpfen, uns an den Pranger stellen.

Meine Erinnerung an den Tag wird trotz der Schilderung meiner Mutter nicht präziser. Es muß furchtbar gewesen sein, und ich habe es seitdem offenbar massiv verdrängt.

Nach dem Urteil schrieb mein Vater an meine Mutter. Er bemühte sich, der Familie gegenüber einen aufheiternden Ton zu finden. Vielleicht hat bei ihm anfangs die Freude, dem Todesurteil entgangen zu sein, überwogen. Daß er seine Strafe bis zum Ende, ohne Anerkennung der Zeit in der Untersuchungshaft, absitzen müßte, damit rechnete mein Vater nach meinem Eindruck zu dieser Zeit nicht.

7. X. 1946
Nun sind von den 7.305 Tagen schon 6 Tage vergangen! Und wenn die vergangene Zeit angerechnet wird, dann sind es nochmal 494 Tage weniger.

Dann kommt die Zeit der »Bewährung«. So wird alles einmal ein Ende haben, vielleicht schneller, als wir es erhoffen können.

Ich habe zunächst eine auf lange Zeit eingestellte Geduld. Ich lese viel und habe gerade Kügelgens »Jugenderinnerungen« vor. Davor las ich Schillers »Wallenstein« in einer alten Ausgabe von 1826. Wie sich dieses Buch hierher verirrte?

Im »Wallenstein« konnte ich zu meiner Zufriedenheit feststellen, daß der alte Schiller ihm seine Handlungen nicht übelnahm. Also habe ich in späteren Dramen Aussicht, auch anständig behandelt zu werden!

Wenige Wochen nach der Urteilsverkündung bekam auch ich die erste Karte meines Vaters aus dem Gefängnis. Meine Mutter hatte wohl während ihres Besuchs am 14. Oktober, dem ersten nach der Urteilsverkündung, meinem Vater erzählt, wie fleißig ich in der Schule und im Haushalt war. In seiner Postkarte ermunterte er mich in seiner ironisch-humorvollen Art, nicht zu fleißig zu sein.

In den ersten Jahren seiner Haft wollte mein Vater uns Kindern einen Gefängnisbesuch nicht zumuten. Deshalb war ich schon fünfzehn Jahre alt, als ich ihn das erste Mal in Spandau besuchte. Bevor ich ihn überhaupt wieder regelmäßiger, wenn auch in größeren zeitlichen Abständen, sah, hatte ich zwei längere Abschnitte der Kindheit mehr oder weniger ohne ihn verbracht, die Jahre auf dem Obersalzberg und die ersten Nachkriegsjahre in Heidelberg. Trotzdem war er für alle in der Familie immer präsent geblieben, so als sei seine ständige physische Anwesenheit dazu gar nicht erforderlich. Ich glaube, meine Mutter sah es auch als eine ihrer Hauptaufgaben, diese Verbindung zwischen ihm und uns weiter aufrechtzuerhalten.

Was uns die Mutter besonders in den Jahren 1946 und 1947 deutlich vermittelte, war, daß es an Geld fehlte. Mein Vater hat aufgrund seiner Verurteilung nie eine Pension bekommen. Sein ansehnliches Vermögen war von den Alliierten zunächst beschlagnahmt worden. Meine Mutter mußte später, als nach Gründung der Bundesrepublik deutsche Behörden zuständig geworden waren, noch einige Jahre nach Stuttgart ans Ministerium schreiben, wenn sie Geld für uns Kinder brauchte, das sie dem Vermögen entnehmen wollte. Dabei mußte sie genau angeben, wieviel sie benötigte und wofür, zum Beispiel für Kleidung. Diese Summe wurde ihr dann aus dem Vermögen ausgezahlt. Das Ver-

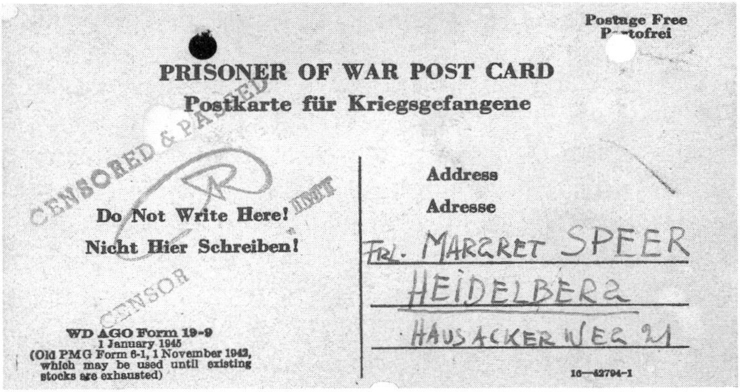

Postage Free
Portofrei

PRISONER OF WAR POST CARD
Postkarte für Kriegsgefangene

CENSORED & PASSED

Do Not Write Here!
Nicht Hier Schreiben!

CENSOR

WD AGO Form 19-9
1 January 1945
(Old PMG Form 6-1, 1 November 1942, which may be used until existing stocks are exhausted)

Address
Adresse
FRL. MARGRET SPEER
HEIDELBERG
HAUSACKERWEG 21

16—42794-1

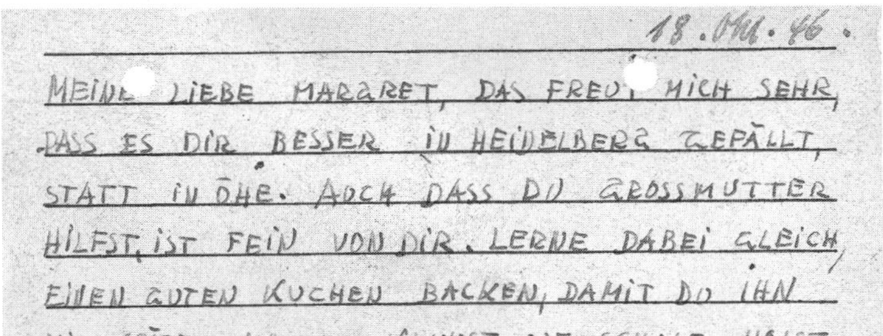

18. Mai. 46.

MEINE LIEBE MARGARET, DAS FREUT MICH SEHR, DASS ES DIR BESSER IN HEIDELBERG GEFÄLLT, STATT IN ÖHE. AUCH DASS DU GROSSMUTTER HILFST, IST FEIN VON DIR. LERNE DABEI GLEICH EINEN GUTEN KUCHEN BACKEN, DAMIT DU IHN MIR SPÄTER MACHEN KANNST. DIE SCHULE HOLST DU SCHNELL NACH. NUN, SEI NICHT ZU FLEISSIG. ES GRÜSST DICH HERZLICHST Dein Vater

16—42794-1 ☆ GPO

Die erste Postkarte aus dem Gefängnis, 1946

mögen wurde aber bereits 1953 wieder freigegeben, 1966 schließlich auch das Grundstück in Berlin-Schlachtensee.

1948 muß sich unsere finanzielle Lage jedoch spürbar verbessert haben. Von Rudolf Wolters, einem Freund meines Vaters aus der Studentenzeit und später einem seiner engsten Mitarbeiter, war bei einer Coesfelder Bank ein sogenanntes »Schulgeldkonto« eingerichtet worden, das der Finanzierung unseres Familienunterhalts und der Ausbildung von uns Kindern diente. Das Konto speiste sich aus regelmäßigen und einmaligen Zahlungen ehemaliger Mitarbeiter meines Vaters bei der Behörde des »Generalbauinspektors« und im Rüstungsministerium sowie früherer Auftragnehmer und Geschäftspartner, darunter Architekten und Industrielle. Von ihnen hatten viele zu Anfang der fünfziger Jahre erfolgreich in der Nachkriegsgesellschaft der »Wirtschaftswunder«-Zeit Fuß gefaßt. Ihre Zusammenarbeit mit dem NS-Regime war für sie, im Gegensatz zu meinem Vater, zumindest ohne vergleichbar schwerwiegende Folgen geblieben. Dies unter anderem auch deshalb, weil meinem Vater die Verantwortung für die Tätigkeit der von ihm geleiteten Behörden und Stellen nicht nur angelastet worden war, sondern weil er sie auch übernommen und damit auch leitende Mitarbeiter gedeckt und entlastet hatte. Teilweise saß er seinem und auch unserem Verständnis nach gewissermaßen stellvertretend für nicht wenige andere Mittäter, »Durchführer« und »Macher« in Spandau. Insofern war für viele Einzahler dieses Konto auch eine Art »Schuldgeldkonto«. Neben der Finanzierung von Familie und Ausbildung deckte mein Vater daraus auch die Kosten seiner aus dem Gefängnis heraus unterhaltenen heimlichen Kommunikation nach außen und verschiedener anderer Aktivitäten.

Für die ersten Nachkriegsjahre erinnere ich mich an eher bescheidene materielle Verhältnisse, geprägt von der fast allgemeinen Mangelsituation. Wir Kinder wuchsen schnell aus unseren Kleidern heraus. Alle vierzehn Tage kam eine alte Hausnäherin aus der Nachbarschaft, die Mäntel und Kleider meiner Mutter und Großmutter für uns umnähte. Wir Kinder mußten zusammen mit der Mutter Strickjacken und Pullover auftrennen; aus der Wolle wurden dann neue Pullover und Jacken gestrickt. Aus einem Cape meiner Großmutter entstand ein Wintermantel für Hilde und mich.

Im Winter hatte ich Frostbeulen an den Händen und Füßen, weil ich wie viele andere damals keine richtig guten Handschuhe und Schuhe besaß.

Ich liebte Großmutter Weber. Wie oft kam ich weinend zu ihr gelaufen, weil mich die großen Jungen beim Indianerspiel an den Marterpfahl gebunden hatten und ich mich nicht wehren konnte. Wir waren eine richtige Bande, Albert, Hilde, Fritz, die drei Jungen der Familie aus dem oberen Stockwerk des Hauses und ich. Ich war die kleinste, frech und lustig, immer mit dabei. Meine Lieblingsspiele waren Indianer und Völkerball.

Im Sommer 1947 zog meine Mutter mit uns Kindern ins untere Stockwerk des Gartenhauses am Schloß-Wolfsbrunnenweg, auf den Besitz der Familie Speer. Das Gartenhaus war höher am Hang gelegen als das Haupthaus.

Das große Haus war von den Amerikanern beschlagnahmt worden, und die Großeltern Speer lebten zusammen mit ihrer Haushälterin Käthe im oberen Stockwerk des Gartenhauses, das in der Familie »Kuhstall« hieß, weil Großvater Speer im Ersten Weltkrieg dort angeblich eine Kuh und andere Tiere gehalten hatte.

Welch ein Unterschied war es für uns Kinder, von den herzlichen Großeltern Weber zu den kühlen und distanzierten Großeltern Speer zu wechseln! Plötzlich mußte man wohlerzogen steif bei Tisch sitzen, durfte keine Ellbogen aufstützen, beim Essen nicht reden, all das galt als unfein.

Arnold, Hilde, Fritz, Ernst und Margret Speer, Heidelberg 1950

Glücklicherweise sind wir nur sonntags von den Großeltern Speer zum Essen eingeladen worden und aßen nicht jeden Tag mit ihnen wie zuvor mit den Großeltern Weber. Auch nach dem Tod von Großvater Speer 1947 empfing die Großmutter weiterhin in den beengten Verhältnissen Gäste aus der besseren Heidelberger Gesellschaft und versuchte ein gesellschaftliches Leben zu führen, wie sie es von früher gewohnt gewesen war.

Wir teilten uns im unteren Stockwerk des Gartenhauses zu siebt drei kleine Zimmer und eine Küche mit Blick ins Neckartal, in der ein großer Kohleofen für die Beheizung des ganzen Hauses sorgte. Abends vor dem Einschlafen gab es oft erst einmal eine Kissenschlacht. Obwohl ich außerhalb der Familie als schüchtern galt und mir nicht viel

Margarete und Margret Speer vor dem Gartenhaus, Heidelberg 1950

zutraute, konnte ich es zu Hause durchaus mit den Brüdern aufnehmen und wußte mich zu wehren, wenn es darauf ankam.

Ins Wohnzimmer paßten gerade ein Sofa und ein kleines Klavier, dort mußte ich Klavier und Blockflöte üben. Es wurde immer genau eingeteilt, wann wer üben durfte, denn Albert spielte Cello, Hilde Klavier und Querflöte und Fritz Ziehharmonika.

Wir lebten auf engem Raum zusammen, aber das gab uns auch ein Gefühl der Zusammengehörigkeit. Meine Mutter spielte viel mit uns, »Rommé« und »Canasta«, Gesellschaftsspiele wie »Mensch-ärgere-dich-nicht«, stundenlang spielten wir »Poch« mit ihr. Sie liebte es, Patiencen zu legen. Zugleich war meine Mutter oft verreist, einerseits, weil sie für unseren Unterhalt Verschiedenstes organisierte und dazu sicher auch alte Kontakte und Verbindungen, die uns nützlich waren, pflegte, vielleicht auch häufiger Aufgaben im Interesse meines Vaters übernahm. Andererseits brauchte sie, so glaube ich heute, immer wieder den Abstand zu den vielen Kindern und wollte heraus aus der häuslich-familiären Enge.

Der große verwilderte Garten war für unsere Spiele wie geschaffen, Räuber-und-Gendarm, Verstecken und Fangen und natürlich Indianerspiele. Es war ein riesiges Grundstück, auf dem wir allerdings im oberen Teil in der Nähe des Gartenhauses bleiben sollten, denn unten waren »die Amerikaner«, dort durften wir nicht spielen. Es war alles zugewachsen; an einer Stelle ebneten wir die Erde ein und legten einen Federballplatz an. Wieder verbrachten wir viel Zeit im Freien, wie schon am Obersalzberg. Wir Kleineren, Fritz, Arnold und ich, waren meistens irgendwo im Garten und im Wald unterwegs. Oft hockte ich in einem meiner Lieblingsbäume, schmökerte in meinen Büchern und fand das Leben wunderbar.

Durch den Wald mußten wir auch nach Hause gehen, zum Gartenhaus führte keine Straße. Aus dieser Zeit stammt meine Angst vor der Dunkelheit. Ich habe mich immer sehr gefürchtet abends auf dem Heimweg im dunklen Wald. Oft kam ich zitternd und völlig außer Atem zu Hause an, weil ich weite Strecken gerannt war. Noch heute gehe ich nicht gerne alleine in den Wald.

Da Albert sich in der Schule schwer getan hatte, machte er eine Schreinerlehre. Ich verehrte ihn immer als großen

Margret Speer, Heidelberg 1952

Bruder, das ging so weit, daß er mir später sogar mein Hochzeitskleid aussuchen durfte. Nach der Arbeit mußte er direkt zur Cellostunde, und ich brachte ihm das Cello den ganzen Berg hinunter, bis zur Straßenbahn. Dann mußte ich das große Instrument vorsichtig in die Straßenbahn heben und damit zu seinem Lehrer fahren. Wenn Albert ankam, war das Cello schon da. Ich kam mir ganz toll vor und war stolz auf mich.

In Heidelberg war meine Mutter auch nach dem Krieg unverändert akzeptiert, da ihre beiden Elternteile aus alteingesessenen, wohlhabenden Heidelberger Familien kamen. In den Geschäften wurde sie freundlich begrüßt, jeder kannte sie. Sie hatte einen Kreis von Freundinnen, mit denen sie sich regelmäßig traf. Die Verurteilung meines Vaters hat sich nach meinem Eindruck zumindest auf privater Ebene hier kaum negativ ausgewirkt.

Auch mein Vater und seine Familie waren in Heidelberg gut bekannt. Ich kann mich erinnern, in den Geschäften gefragt worden zu sein: »Bist du eine von den Speers vom Schloß-Wolfsbrunnenweg? Ach, deinen Vater kenne ich noch aus der Schule.« Mein Vater hatte die Oberrealschule in Heidelberg besucht, außerdem war er Mitglied im örtlichen Ruderverein gewesen, daher kannten ihn viele. In Heidelberg waren wir, soweit ich mich erinnere, privat und öffentlich keinerlei wirklichen Anfeindungen ausgesetzt.

Heidelberg war im Krieg unzerstört geblieben. Man erzählte sich, die amerikanischen Bomber hätten die Stadt aus sentimentalen Gründen verschont, da das Musical und der Film »Student Prince« von Ernst Lubitsch (1928) in den USA beliebt gewesen sei. Es gab viele Menschen in Heidelberg, die meinem Vater dankbar waren, weil er Ende März 1945 nach Heidelberg gefahren war, um dort, wie auch anderswo, dazu beizutragen, die Stadt sowie wichtige Teile der Infrastruktur und industrieller Anlagen bei Kriegsende vor der Zerstörung, die Hitler mit dem sogenannten Nero-Befehl angeordnet hatte, zu retten.

Meinem Vater war sein Ansehen unter den Heidelbergern wichtig, wie einem Brief an meine Mutter während des Nürnberger Prozesses im Juni 1946 zu entnehmen ist:

Viel Neues gibt es nicht zu berichten. Nachdem ich meine Aussagen gemacht habe, ist meine Aufgabe zum größten Teil erledigt – und wie immer, nach derartigen Anstrengungen, fühle ich mich leer und langweilig. Ich bin nur froh über meine alte Gewohnheit, viel schlafen zu können. Dadurch erleichtere ich mir vieles. Meine Gedanken sind oft bei Euch. Ich freue mich, wenn ich mir das sorglose Leben der Kinder vorstelle. Sie werden auch Dir helfen durchzuhalten.

Die Heidelberger sollten mit mir zufrieden sein. Das würde mich wegen der Kinder freuen.

In Heidelberg besuchte ich die Grundschule. Sie lag in der Altstadt, in der Sandgasse. Ein finsteres Sandsteingebäude. Auf dem Schulhof gab es in der Pause Schülerspeisung, eine Art Eintopf, der furchtbar schmeckte, aber wir hatten Hunger und waren froh über das Essen. Ich war die zweitkleinste der Klasse, schüchtern und brav – im Gegensatz zu daheim. Mit dem Lernen hatte ich keine Probleme, ich kam gleich in die dritte Klasse, obwohl ich während der Zeit an der Ostsee kaum je den Unterricht besucht hatte.

In der Grundschule waren wir Speer-Kinder problemlos untergekommen, aber mit den Gymnasien gab es doch Schwierigkeiten. Wie meine Mutter später immer erzählte, war sie für meine älteren Geschwister herumgelaufen und hatte gebettelt. Keine Schule wollte uns nehmen, wegen unseres Vaters. Für Albert und Fritz fand sich schließlich eine Privatschule in der Stadt. Meines Wissens gab es dort keine unangenehmen Zwischenfälle, die mit meinem Vater

Margret Speer (vorne rechts) mit Schulfreundinnen, Heidelberg 1949

zu tun gehabt hätten. Meine Schwester wurde an der privaten Elisabeth-von-Thadden-Schule angenommen.

Auch ich kam auf diese Schule. Meinem Vater schrieb ich über den Wechsel aufs Gymnasium, von einem Ausflug mit der evangelischen »Jungschar« und von meinem Erfolg bei der Aufnahmeprüfung:

Heidelberg, den 9. 8. 1948

Lieber Papa!
Seit dem letzten Brief habe ich sehr viel erlebt. Ich war mit der Jungschar 10 Tage auf der Marienhütte, es war sehr schön. Wir waren den ganzen Tag im Garten und haben Spiele gemacht. Ich bin abends immer nach Hause gekommen. Albert hat in einem großen Zelt geschlafen. Wir haben sehr gutes Essen und auch sehr viel. Am vorletzten Tag haben wir einen Lagerzirkus

gemacht, es war sehr schön. Ich freue mich schon, wenn die Ferien vorbei sind, weil ich dann nach Wieblingen in die Schule komme. Am 19. Juli war die Prüfung, es waren ungefähr 80 Kinder. 18 durften schon früher nach Hause gehen, da war ich auch dabei. Wir brauchten keine mündliche Prüfung mehr zu machen, weil wir die Schriftliche gut bestanden hatten. Der Fritz hat auch ein Zelt aufgeschlagen mit noch 5 anderen Jungens. Sie haben es bei Omi im Garten aufgeschlagen.

Viele herzliche Grüße
Deine Margret

Die Schule lag in Wieblingen, einem kleinen Ort mehrere Kilometer von Heidelberg entfernt in Richtung Mannheim. Meine Mutter hätte mir den langen Schulweg gerne erspart, war aber letztlich der Schulleitung dankbar, daß sie mich überhaupt aufgenommen hatte. Bei jedem kleinsten Problem mit der Schule wiederholte mir meine Mutter: Du mußt dankbar sein, daß sie dich genommen haben.

Die Schule war 1927 in dem leerstehenden Schloß von Wieblingen von Elisabeth von Thadden als evangelisches Landerziehungsheim für Mädchen im Geist der Reformpädagogik gegründet worden. Als Angehörige der »Bekennenden Kirche« sah sie sich immer stärkeren Anfeindungen des NS-Regimes ausgesetzt, die dann Anfang der vierziger Jahre zum Entzug der Betriebs- und Unterrichtsgenehmigung für die Schule führten. Aus ihrer oppositionellen Haltung machte sie kein Hehl und sammelte Gleichgesinnte um sich. 1943 wurde Elisabeth von Thadden schließlich verhaftet und am 8. September 1944 in Berlin-Plötzensee hingerichtet.

Nach dem Krieg fanden sich Freunde, um die Schule als Internatsschule für interne und externe Schülerinnen unter dem Namen ihrer Gründerin wiederzueröffnen. Die Erinnerung an Elisabeth von Thadden prägte den Geist der Schule;

was uns vermittelt wurde, waren Zivilcourage, das Eintreten für Toleranz und Menschenrechte und Frömmigkeit. Die Schule versuchte außerdem, Kinder von NS-Tätern, Widerständlern und Oppositionellen zusammenzubringen.

In den ersten Schultagen wurden wir alle einander vorgestellt. Dabei wurde der Klasse mitgeteilt, wer mein Vater war. Danach hatte sich die Angelegenheit erledigt, und es wurde nicht mehr darüber gesprochen.

Zu meinen Mitschülerinnen gehörte von 1951 bis 1955 Adda von Haeften, die Tochter des Widerstandskämpfers Hans-Bernd von Haeften, der nach dem fehlgeschlagenen Attentat vom 20. Juli 1944 hingerichtet worden war. Adda war ein sehr nettes Mädchen, aber ich hatte große Hemmungen, mit ihr zu sprechen. Es war furchtbar für mich. Zum ersten Mal fühlte ich mich selbst schuldig und sah mein Leben auf einmal in einen direkten Zusammenhang gestellt mit dem Leben und den Handlungen meines Vaters.

Vielleicht waren es auch der Geist und das pädagogische Selbstverständnis der Schule, die mich belasteten, und gar nicht so sehr das persönliche Zusammentreffen mit Adda. Erstmals sah ich mich einer Rollenverteilung gegenüber, die mir durch den schulischen Zusammenhang erst bewußt gemacht wurde und in der ich mich wie gefangen fühlte – sie »die Gute« als Tochter eines Opfers des Nationalsozialismus, ich »die Böse« als Tochter eines nationalsozialistischen Täters.

Ohne daß es ausdrücklich zur Sprache gekommen wäre, stand uns bei den Schulfeiern und den montags stattfindenden Andachten immer das Vorbild Elisabeth von Thaddens vor Augen. Außerdem setzte sich das Lehrerkollegium zum Teil aus ehemaligen Verfolgten und Widerstandskämpfern zusammen. Damals war mir dieser Umstand nicht bewußt, ich erinnere mich nur, daß unter uns Schülern über manche Lehrer Andeutungen gemacht wurden.

Ganz offen und selbstverständlich scheint man darüber nicht gesprochen zu haben.

Der Nationalsozialismus und die Geschichte des »Dritten Reiches« wurden im Unterricht hingegen nicht behandelt. Eigentlich ist das seltsam, hätte die Aufklärung über das NS-Regime doch dem Konzept der Schule entsprochen. Von heute aus betrachtet, denke ich aber, es entsprach dem damaligen »Zeitgeist«. Für die große Mehrheit von ehemaligen Tätern und Mitläufern war es opportun, eine Mauer aus Verschweigen, Rechtfertigung und Verharmlosung zu errichten. Aber selbst viele ehemalige Opfer schwiegen über die »dunklen Jahre«. War der Nationalsozialismus im Schulplan nicht vorgesehen, oder wollte man der Konfrontation von Angehörigen von Opfern und Tätern im direkten Gespräch am Ende doch lieber aus dem Weg gehen?

Ich war jedenfalls eine gute Schülerin und erhielt im ersten Jahr für mein Zeugnis einen Preis, ein kleines Buch. Zur Preisverleihung lieh ich mir von meiner Freundin noch schnell ein Kleid aus, für einen solchen Anlaß gehörte es sich, schön angezogen zu sein.

Mein Schulweg betrug etwa neun Kilometer; in den ersten Jahren ging ich zu Fuß den Berg hinunter und nahm dann die Straßenbahn den Neckar entlang, bis ich zur Konfirmation 1952 das heißersehnte Fahrrad bekam. Mit dem Fahrrad fuhr ich eine halbe Stunde. Die Schule begann um acht. Da ich aber immer ungern aufstand und also zu spät dran war, sprang ich erst im letzten Moment aufs Fahrrad, ohne Frühstück, nach halb acht. Möglichst ohne zu bremsen, raste ich wie eine Wahnsinnige den Schloßberg hinunter, dann mußte ich noch am Neckar entlang bis Wieblingen strampeln. Immer mit Rock und Kniestrümpfen oder Söckchen, bloß keine Strumpfhosen, auch wenn es schon kühl war.

In Heidelberg waren »die Amerikaner« ein bestimmender Teil des kulturellen Lebens geworden. Kurz nach dem Krieg war das »Amerikahaus« als kulturelles Zentrum mit einer großen Bibliothek und einer Musiksammlung gegründet worden. Ich war bereits 1947 zum ersten Mal dort und berichtete meinem Vater darüber:

14. 12. 1947

Lieber Papa!
Jetzt habe ich Dir schon lange nicht mehr geschrieben. Aber jetzt mache ich mich mal daran. In der Schule gefällt es mir gut, ich bin jetzt in der vierten Klasse. Am Freitag den 10. 10. machten wir das erste Diktat und eine Rechenarbeit. In dem Diktat hatte ich eine eins und in der Rechenarbeit eine eins–zwei.

Ich gehe jeden Samstag in die Amerikanische Bibliothek, da wird immer vorgelesen und wir dürfen uns Bücher anschauen. Es ist immer eine Stunde und wir bekommen Gutsel.

Viele Grüße
Deine Margret

Später benutzte ich die Bibliothek im »Amerikahaus« selbständig, setzte mich alleine hin und las. Zu Hause gab es nicht viele Bücher, da wir vom Obersalzberg und aus Berlin nichts hatten retten können. Ich erinnere mich an die ersten Bücher, die man kaufen konnte im Zeitungsformat und auf Zeitungspapier, zum Beispiel »Emil und die Detektive« und »Huckleberry Finn«. Natürlich lasen die Brüder auch Bücher von Karl May, und ich machte es ihnen nach.

Einmal in der Woche wurde ein Film im »Amerikahaus« gezeigt, die beiden Disney-Filme »Cinderella« und »Dumbo, der fliegende Elefant« sind meine ersten Kino-Erinnerungen. Es war eine Selbstverständlichkeit für mich, dorthin zu gehen. Ich fühlte mich wohl, und niemand stellte mir Fragen zu meinem Namen.

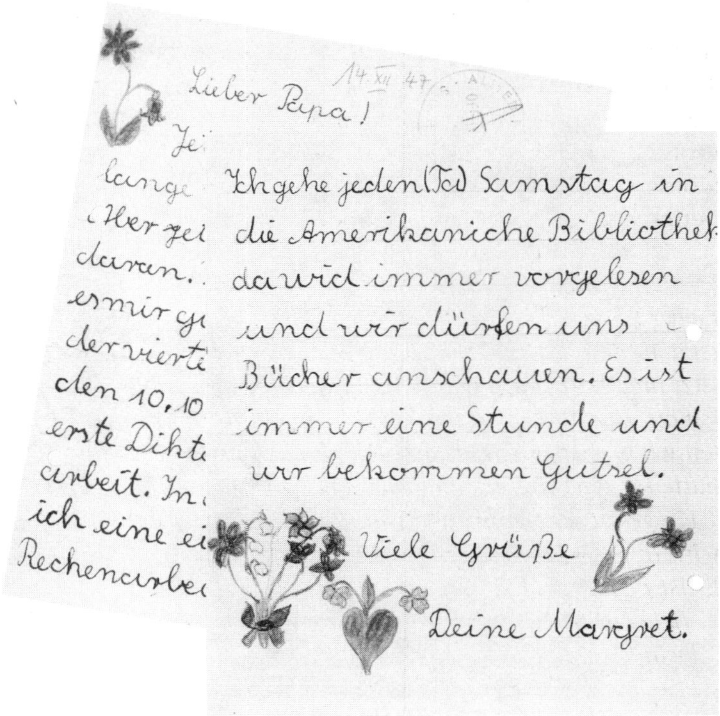
14. XII. 47

Lieber Papa!

Je…
lange…
Aber zei…
daran. …
es mir g…
der vierte…
den 10.10…
erste Dikt…
arbeit. In…
ich eine ei…
Rechenarbe…

Ich gehe jeden (Jed) Samstag in die Amerikaniche Bibliothek da wird immer vorgelesen und wir dürfen uns Bücher anschauen. Es ist immer eine Stunde und wir bekommen Gutsel.

Viele Grüße

Deine Margret.

Brief vom 14. Dezember 1947

Im Dezember 1953 gaben die Amerikaner unerwartet das große Haus am Schloß-Wolfsbrunnenweg frei, und wir konnten dort einziehen. Zuvor hatten wir einige Monate in einer Mietwohnung in der Franz-Knauf-Straße in der Heidelberger Weststadt gewohnt, weil es im Gartenhaus endgültig zu eng geworden war.

In der Villa bewohnte meine Mutter ein Durchgangszimmer, das vor dem Zimmer lag, das ich mit meiner Schwester teilte. Wenn ich nachts spät nach Hause kam, schlich ich auf Zehenspitzen durch das Zimmer meiner Mutter, doch

Die Villa am Schloß-Wolfsbrunnenweg, Heidelberg 1954

sie war immer wach und hatte schon gewartet, denn das Haus lag so abgelegen. Es fuhr kein Bus, und Straßenbeleuchtung gab es damals noch keine. Aus der Stadt mußte man einen steilen, engen Weg hinaufsteigen und dann über das finstere Grundstück laufen. Ich hatte selbst furchtbare Angst, aber trotzdem bin ich oft ausgegangen. An den Wochenenden versuchte ich, so oft wie möglich bei Freundinnen zu übernachten. Meine Mutter war in dieser Hinsicht sehr großzügig.

Um zusätzliche Einnahmen zu haben, vermietete meine Mutter Zimmer, damit wir das große Haus halten konnten. Vor allem im Sommer wohnten immer für ein paar Monate amerikanische, französische, englische und Schweizer Jugendliche bei uns, die Deutschkurse in der Stadt besuchten

Albert, Fritz, Arnold, Hilde, Margret und Ernst Speer mit Dackel Rondo, Heidelberg 1955

und selbstverständlich ins Familienleben integriert wurden. Ganz oben im Dachgeschoß wohnte als Dauermieter ein amerikanisches Ehepaar. Er war Soldat, wollte aber nicht in der Kaserne bleiben. Wir verstanden uns so gut, daß ich seine Frau und ihn nach dem Abitur in New York besuchte.

Fräulein Klara, die ehemalige Haushälterin meines Vaters in Berlin, arbeitete nach dem Krieg in Heidelberg in der Küche der amerikanischen Schule und zog später zu uns in die Villa, ebenfalls in ein Zimmer unter dem Dach. Neben ihrer Arbeit half sie meiner Mutter, die Konfirmationen, Abschlußbälle und anderen großen Feste auszurichten. Die eigentliche Hilfe im Haus war jedoch Rösel, eine junge Heidelbergerin, die meiner Mutter schon im Gartenhaus geholfen hatte. Sie lebte nicht bei uns im Haus, sondern bei ihren Eltern unten am Neckar und stieg jeden Tag beladen mit Lebensmitteln den steilen Weg hinauf.

Die Höhepunkte des Jahres waren Weihnachten, Konfirmationen und Geburtstage. Ich hatte die Geburtstage meiner Geschwister gut im Kopf und freute mich jeweils auf den nächsten. Man durfte sich ein Essen wünschen, und es gab selbstgebackenen Kuchen und Torte. Ob es die Begeisterung meiner Mutter für die Reformbewegung und für gesundes Essen war oder ihr Wunsch, bescheiden zu leben, es gab wie schon früher wenig Fleisch und viele Süßspeisen. Vor allem die Brüder maulten, wenn sie nach einem langen Schultag und dem beschwerlichen Weg zu Hause ankamen und es »nur« Suppe gab mit Kaiserschmarren oder mit »Kruska«, einem Auflauf aus gemischten Körnern aus dem Reformhaus. Aber meine Mutter ließ sich nicht beirren. Oft kehrte ich auf meinem Nachhauseweg bei Großmutter Weber ein und stärkte mich dort. Sie hatte immer etwas Gutes bereit. Erst dann schob ich mein Fahrrad den Berg hinauf.

An Festtagen wurde nicht gespart. Vor allem Weihnachten war ein lautes und fröhliches Fest. Nach der Tradition des Großvaters Speer gab es an Heiligabend einen riesigen gekochten, warmen Schinken, Kartoffelsalat, viel Senf und Meerrettich, dazu Bier. Das war einfach zuzubereiten und für uns Kinder ein Festessen. Es begann der Kampf um die Portionen, jeder meinte zu wenig zu bekommen. Als mein späterer Mann Hans in die Familie kam, sagte er, »so etwas Lautes« habe er noch nie erlebt. Am nächsten Tag waren alle satt, und es gab nur Reste vom Vortag. Erst am zweiten Feiertag kam mit dem Gänsebraten der Höhepunkt. Es ging in der gleichen Lautstärke weiter.

Diese Traditionen führe ich weiter. Heute kommen alle Kinder und Enkelkinder nach Berlin und freuen sich das ganze Jahr auf dieses Fest, doch um die Fleischrationen streitet sich niemand mehr.

Meine Mutter war bei aller Lässigkeit und Großzügigkeit, die sie bei vielen Gelegenheiten zeigte, eigentlich streng. Es sollte alles seine Ordnung haben, man mußte pünktlich zum Essen erscheinen. Sie achtete sehr auf Äußerlichkeiten wie gutes Benehmen und anständige Kleidung. Lange Haare bei den Brüdern konnte sie nicht ausstehen. Mit mir war sie nie zufrieden: »Wie bist du denn wieder angezogen? Nimm dir doch einmal ein Beispiel an so und so…« Das bekam ich noch zu hören, als ich längst erwachsen war und eigene Kinder hatte. Sie war ängstlich um unseren Ruf in Heidelberg besorgt. »Was werden denn die Leute sagen« war eine ihrer ständigen Redensarten. So durfte ich nicht in den Heidelberger Tennisclub eintreten, weil es teuer war und als elitär galt. Sie wollte offensichtlich nicht, daß man in Heidelberg hätte sagen können, »die Speers müssen aber viel Geld haben«.

Wir waren ein offenes Haus, in dem viele Nationen unter einem Dach lebten und ständig großer Wirbel herrschte. Ich wuchs in einem großzügigen, fast internationalen Umfeld auf. Die grundsätzlich liberale Einstellung meiner Mutter, trotz ihrer oben beschriebenen sehr angepaßten Haltung, erkenne ich darin, daß ich von ihr nie eine wirklich harte, ablehnende oder diskriminierende Bemerkung über jemanden hörte, der eine andere Meinung hatte, anders aussah oder einer anderen Religion angehörte.

Weil mein Vater nicht da war, pflegten wir einen unkonventionelleren Lebensstil als andere Familien. Sonntags frühstückten wir spät und ließen das Mittagessen ausfallen, ich durfte viel weggehen und oft Freunde mitbringen. Mit einem Vater im Haus wäre es sicher in manchen Dingen strenger zugegangen. Oft sagten wir Geschwister im Spaß: gut, daß er nicht da ist, das hätte er uns jetzt bestimmt nicht erlaubt.

Meine Mutter schickte uns Kinder aufs Land zu Freunden, sooft es ging. Bereits 1949 hatte sie mich und meinen zwei Jahre jüngeren Bruder Arnold ganz alleine in den Zug in den Schwarzwald gesetzt, damit wir zu Verwandten von Schwester Paula, die dort einen Bauernhof hatten, fuhren. Wir mußten zweimal umsteigen, das traute sie uns offensichtlich zu. Es holte uns auch niemand ab, denn es gab noch kein Telefon, um uns anzukündigen oder um mitzuteilen, ob wir gut angekommen waren. Später, als Mutter von vier eigenen Kindern, dachte ich oft daran zurück. Nie hätte ich eines meiner Kinder in diesem Alter ohne Begleitung eines Erwachsenen auf eine Reise geschickt, bei der man mehrmals umsteigen mußte.

Daß meine Mutter öfter auf Reisen ging, störte mich nicht. Ich war in der Familie mit meinen Geschwistern, Rösel, Fräulein Klara und den Großeltern gut aufgehoben und fühlte mich wohl. In den späteren Jahren übernahm ich den Haushalt, wenn meine Mutter nicht da war. Die Großmutter Weber schrieb die Entschuldigungen für die Schule, wenn einer meiner Brüder, vor allem Fritz, dann mal wieder einfach zu Hause blieb.

Meine Mutter hat immer Freundschaften gepflegt. Sie schrieb viele Briefe und hielt auf diese Weise Kontakt zu Freunden und Bekannten aus früherer Zeit. Es waren vor allem Architekten, aber auch Leute aus der Wirtschaft, die unter und mit meinem Vater gearbeitet hatten. Sie wurde überallhin eingeladen, ich glaube nicht nur aus Mitleid, sondern weil sie eine nette und sympathische Frau war, aber auch weil die alten Bekanntschaften und Kontakte aus der Vorkriegs- und Kriegszeit das Ende des Regimes offenbar überdauert hatten und nach den ersten Monaten und Jahren des Umbruchs um so intensiver gepflegt wurden.

Oft verbrachte ich die Ferien in Coesfeld bei der Familie von Rudolf Wolters, dem wichtigsten Helfer und Gewährs-

Margret Speer im Garten von Familie Wolters, Coesfeld 1957

mann meines Vaters während der Haftzeit. Meine Mutter war mit Frau Wolters eng befreundet, die zwei Töchter ungefähr in meinem Alter hatte. Dort ließ ich mich einmal im Garten fotografieren und schickte das Foto meinem Vater ins Gefängnis. Die Zensurstelle meinte die Blumen auf dem Bild zu erkennen, da es die gleichen waren wie die im Gefängnisgarten, den mein Vater angelegt hatte. Es kam der Verdacht auf, daß mein Vater Blumensamen aus Spandau herausgeschmuggelt haben könnte oder aber aus Coesfeld Blumensamen bekommen hatte. Die Affäre verlief im Sand, obwohl es stimmte: Mein Vater hatte verbotenerweise Blumensamen aus dem Garten der Wolters erhalten. Aber über die Verbindung Spandau – Coesfeld wurden zwischen meinem Vater und Rudolf Wolters erheblich wichtigere Dinge organisiert als der Schmuggel von Blumensamen.

Meine erste Auslandsreise führte 1953 nach Schweden. Durch einen Schüleraustausch meiner Schwester war der Kontakt mit einer schwedischen Familie zustande gekommen, die eine Tochter namens Eva in meinem Alter hatte. Sie lebten in der Nähe von Stockholm, der Vater war zufällig auch Architekt. Sie sprachen deutsch und waren sehr freundlich und herzlich. Natürlich wußten sie, wer mein Vater war, aber niemand sprach mich darauf an. Nur ich selbst fürchtete im Stillen immer, daß das Thema aufkommen und ich darauf angesprochen werden könnte.

Das Leben in Schweden war viel lockerer und ganz anders als bei uns. Ich fuhr in Stockholm zum ersten Mal auf einer Rolltreppe, so etwas gab es in Heidelberg in den fünfziger Jahren noch nicht. Die Königsfamilie, deren Mitglieder ich alle dem Namen nach kannte, beeindruckte mich sehr.

Margret Speer (zweite von rechts) mit schwedischen Freundinnen auf der Fähre nach Schweden, 1953

Im Vergleich zu den Schwedinnen und zu meiner schwedischen Austauschschülerin Eva war ich furchtbar unmodern gekleidet; sie trugen schicke Badeanzüge und Kleider, hatten flotte Frisuren und waren alle ganz anders entwickelt als ich mit fünfzehn. Die Familie besaß ein Sommerhaus in den Schären, wo Eva und ich ein eigenes kleines Häuschen bewohnten.

Eva kam später öfters zu uns nach Heidelberg, auch mit ihrer ganzen Familie. Mit ihr bin ich bis heute befreundet, sie ist die Patentante meiner ältesten Tochter Anne, und wir besuchen uns immer noch gegenseitig.

Ganz anders als meine Reise nach Schweden verlief mein erster Aufenthalt in Frankreich. Die deutsch-französische Annäherung und Aussöhnung, wie sie politisch von Adenauer und de Gaulle betrieben wurde, zeichnete sich 1955 erst in ihren Anfängen ab. Auf Anfeindungen wegen meines Vaters war ich nicht wirklich vorbereitet, obwohl die Angst davor mich latent begleitete. Trotzdem fuhr ich vollkommen naiv los. Mein Vater hatte gar keine Chance, mich aus der Ferne zu beraten, da er erst davon erfuhr, als ich schon abgereist war. Aber auch von meiner Mutter war ich nicht darauf vorbereitet worden, was mir unter Umständen begegnen könnte.

Ich hatte mich in der Elisabeth-von-Thadden-Schule für einen Schüleraustausch mit Frankreich beworben, aber zunächst keinen Platz bekommen. Unerwartet erhielt ich dann doch noch eine Zusage und fuhr im Mai 1955 für drei Monate in ein strenges französisches Internat in Lons-le-Saunier im Jura. Die Mutter einer Schülerin stammte aus dem Elsaß und sprach fließend deutsch. Deshalb war sie benachrichtigt worden, daß ein deutsches Mädchen aus Heidelberg zu Besuch käme mit Namen Margret Speer. Sie wußte sofort Bescheid, wer ich war, aber sie sagte nichts. Die Familie wohnte im Ort, die Tochter Anne-Marie lebte selbst nicht im Internat, sondern besuchte nur die Schule. Bei ihnen war ich oft zu Hause eingeladen, ich fühlte mich dort sehr wohl.

Im Internat gab es einen riesigen Schlafsaal, es herrschte große Disziplin, nur einmal in der Woche durfte man überhaupt das Gelände verlassen. Das Leben war streng, doch ich mochte die Internatswelt. Ich war sehr beliebt, alle kannten mich, und auf diese Weise lernte ich schnell französisch. Sobald ich auf dem Schulhof erschien, umringten mich die jüngeren Schülerinnen, ich brachte ihnen »Der Mond ist aufgegangen« und andere deutsche Lieder bei.

An den Wochenenden mußte ich mir immer ein Mädchen suchen, das mich mit nach Hause nahm. So passierte es, daß mich eine Mitschülerin arglos mit in ihre Familie nahm und mich mit meinem Namen vorstellte. Der Vater war Rechtsanwalt. Er begriff augenblicklich, wer ich war, und warf mich sofort hinaus, setzte mich einfach auf die Straße. Heulend lief ich zu der Elsässer Familie, die Mutter tröstete mich, daß ich für meinen Vater nichts könne. Trotzdem saß der Schock tief, vielleicht tiefer als meine erste bewußte Begegnung mit diesem Makel zu Beginn meiner Gymnasialzeit.

Ich wurde für meinen Vater bestraft und verachtet. Warum mußte ich so einen Vater haben? Mußte er uns das antun? – das waren meine Gedanken.

Vor dem Abitur machten wir eine Klassenfahrt ins Frankenland und besichtigten eine Woche lang nahezu alle kunsthistorisch wichtigen Bauten. In einem Schloß, das zu dieser Zeit teilweise als Gefängnis diente, besichtigten wir einige im Treppenhaus hängende Gemälde, und von dort aus konnte man in den Zellentrakt sehen. Ich bekam vor der ganzen Klasse plötzlich einen Weinkrampf. Die Lehrerin nahm mich beiseite und versuchte mich zu trösten. So lebt mein Vater jetzt, schoß es mir durch den Kopf. Damals hatte ich gerade die ersten Gefängnisbesuche bei meinem Vater hinter mir. Ich wußte, wie es im Gefängnis aussah. Das Thema war immer um mich, auch wenn es mir oft vielleicht nicht bewußt war.

Mein Vater saß im Gefängnis, und ich war seine Tochter, die Tochter eines Kriegsverbrechers. Nach der Reise berichtete ich in einem Brief meinem Vater über diese Klassenfahrt. Den Gefühlsausbruch ließ ich unerwähnt, wie ich mich überhaupt nicht erinnern kann, ihn damals auf diese für mich so schwierige und belastende Situation angesprochen zu haben. Dafür stellte ich Überlegungen zum Barock an und zählte meinem Vater auf, wie viele Kirchen und Schlösser wir gesehen hatten:

22. IX. 56

Lieber Papa!
Gestern Abend bin ich von unserer Klassenfahrt ins Frankenland zurückgekommen. Im Ganzen war es sehr schön, nur ein bißchen viel. In 5 Tagen fünfundzwanzig Kirchen, fünf Schlösser und noch Rathäuser und Klöster. Wenn man es anschaut, kommt es einem zwar nicht so viel vor, aber anstrengend war es am Schluß schon und ich bringe die vielen kleinen Nester jetzt alle durcheinander. Barock mochte ich ja noch nie leiden, aber jetzt habe ich vorerst vollkommen genug davon. Manches war ja innerhalb des Barock sehr schön, aber zu viel davon kann man nicht vertragen. Am besten gefielen mir die ganzen Altäre von Riemenschneider, besonders Creglingen.

Der Bamberger Dom war auch schön und vor allen Dingen eine kleine alte Wehrkirche von Urphar am Main. Ich habe noch nie so eine nette Kirche gesehen. Am besten gefällt mir aber noch die Heiliggeistkirche hier.

Es ist schon wieder Schluß
Herzliche Grüße
Deine Margret

1957 machte ich das Abitur. Für meine Abiturarbeit in Deutsch wählte ich Bertolt Brecht als Thema aus. Mit dieser Wahl fühlte ich mich sehr avantgardistisch und modern. Weil Brecht 1956 gestorben war, war er in aller Munde, und ich konnte die vielen Nachrufe auf ihn gut für meine Vorbereitung verwenden.

Ich hatte »Mutter Courage» und den »Kaukasischen Kreidekreis« im Brecht-Theater am Schiffbauerdamm in Berlin gesehen. Ich war von den Themen, von der Art der Inszenierung und den Schauspielern begeistert. Mich beeindruckten vor allem die Musik von Paul Dessau und der Sänger Ernst Busch. Alles stand im völligen Gegensatz zu den konventionellen Aufführungen, die ich bis dahin im Heidelberger Stadttheater gesehen hatte. Daß die Berliner Aufführungen im kommunistischen Umfeld und vor dem Hintergrund der deutschen Teilung stattfanden, war für mich sekundär. Mich interessierte Brecht als Schriftsteller. Trotz der stark antikommunistischen Tendenz in Westdeutschland während der fünfziger Jahre und trotz der von uns abgelehnten abstoßenden Seiten des »sozialistischen« Systems der DDR übte die kommunistische Ideologie eine gewisse Faszination auf uns Jugendliche aus. Man suchte nach Alternativen zu dem als verkrustet und verstaubt empfundenen Adenauer-Staat. In meinem Freundeskreis lehnten zum Beispiel alle die von Adenauer betriebene und politisch sehr umstrittene Wiederbewaffnung Westdeutschlands vehement ab.

Eigentlich ging ich gern in die Schule und hätte auch keinerlei Probleme gehabt, wenn ich fleißiger gewesen wäre. Faulheit und Unlust nahmen aber mit den Jahren zu und erreichten im letzten Schuljahr ihren Höhepunkt. Im Januar 1957 schrieb ich an meinen Vater: *Ich weiß gar nicht, was du von mir denkst, daß du immer solche Angst hast, ich könnte durchs Abitur fallen. [...] Ich bin froh, wenn ich den Saftladen hinter mir habe.*

Und am 9. März 1957 hieß es bei mir: *Ich leide überhaupt an einer seltsamen Schlafkrankheit, aber das ist vor dem Abitur wahrscheinlich besser wie jegliches Lernen. Angst habe ich auf jeden Fall noch keine, und wiederholt habe ich auch noch nichts. Du kannst ganz beruhigt sein.*

Diese Passage erinnert mich heute an seine eigenen Briefe, die er kurz vor seinem Abitur an meine Mutter schrieb und in denen ebenfalls häufig von Faulheit und Schlafen die Rede war, Briefe, die ich damals natürlich nicht kannte.

Margret Speer, 1957

Meine Einstellung zur Schule änderte sich im Laufe der Jahre. Meine bedingungslose und unkritische, angepaßte Frömmigkeit der Konfirmandenzeit wich einer zunehmend skeptischen Haltung. Die ausgesprochen christliche Ausrichtung der Elisabeth-von-Thadden-Schule lehnte ich immer mehr ab. Dazu vergrößerten sich in diesem Alter die Diskrepanzen in der Entwicklung zwischen den Mädchen in meiner Klasse. Ich war immer eine der Jüngsten und Kleinsten und eine Spätentwicklerin. Während unsere »Elite« Twinset, Schottenröcke und seidene Strümpfe trug und über ihre ersten Freunde redete, trug ich immer noch meinen grauen Faltenrock und Kniestrümpfe. Zu den ganz »Doofen« wollte ich aber nicht gehören, pendelte also unentschieden in der Mitte und fühlte mich unwohl. Das Abitur bestand ich trotzdem und konnte danach meinen Traum verwirklichen: Ein ganzes Jahr in den USA lag vor mir.

Vater im Gefängnis

Ich war fünfzehn Jahre alt, als ich meinen Vater das erste Mal wiedersah. Neun Jahre waren vergangen, seit er uns kurz vor Kriegsende jenen Blitzbesuch an der Ostsee abgestattet hatte, von dem ich weniger ihn als sein aufsehenerregendes Erscheinen im Flugzeug in Erinnerung behalten hatte. 1947 war mein Vater von Nürnberg in das von den Alliierten im ehemaligen Zuchthaus Spandau in Berlin eingerichtete Kriegsverbrecher-Gefängnis verlegt worden. Dort teilten sich die vier Siegermächte im monatlichen Wechsel die Bewachung der übrigen in Nürnberg zu Freiheitsstrafen Verurteilten Walther Funk, Erich Raeder, Konstantin von Neurath, Rudolf Heß, Baldur von Schirach und Karl Dönitz. Aus meinem Vater Albert Speer wurde der »Häftling Nummer fünf«.

Von all dem wußte ich, interessierte mich aber nur für die wesentlichen Punkte. Vater war im Gefängnis. In einem Kriegsverbrecher-Gefängnis. Das war für mich schlimmer als ein normales Gefängnis, aber auch etwas Besonderes. Ich hatte mir das so zurechtgelegt, daß er kein Mörder war, sondern ein politischer Gefangener, was immer ich mir darunter als Kind vorstellte. Die Ambivalenz teilte sich mir mit meinen acht, zehn oder zwölf Jahren durchaus mit, obwohl meine Wahrnehmung all dessen sicher auch von dem beeinflußt war, was mir Erwachsene darüber erzählten oder was ich aus ihren Gesprächen aufgeschnappt hatte. Seine inoffiziellen Briefe aus dem Spandauer Gefängnis berichteten auf betont humorvolle Weise vom Alltag dort, der stark von politischen Unterströmungen des sich anbahnenden

Kalten Krieges und dem Streit der vier Siegermächte untereinander bestimmt war. Sie vermittelten mir zugleich deutlich das Bild, daß Spandau alles andere als ein normales Gefängnis war. Eine »Narrenburg« nannte es mein Vater, in dem der eine den anderen zum Narren hielt: die Gefangenen die Wärter, die Wärter die Direktoren, die Amerikaner die Russen, die Engländer die Franzosen und umgekehrt. Dabei versuchte mein Vater vor allem zu Anfang wohl ganz bewußt, uns Kindern seine Situation milder, gelassener und leichter zu schildern, als er sie wahrscheinlich empfand, um sie für uns weniger dramatisch wirken zu lassen.

Die »Licht«-Regelung war einer dieser eigentlich nichtigen Streitpunkte, bei denen das Vier-Mächte-Arrangement gehörig strapaziert wurde, und über die sich mein Vater am 4. Oktober 1952 belustigt ausließ:

Am 29. IX. bekam unser Kirchenharmonist – … [gemeint ist Speers Mitgefangener Walther Funk, der in den Gefängnisgottesdiensten Harmonium spielte, M.N.] – einen richtigen Wutanfall und beschimpfte durch die vorsichtshalber geschlossene Tür unseren russischen Direktor. Sicher ärgerte ihn das, wenn er auch von außen »die Ruhe selbst« war. Denn er patrouillierte weiter draußen im Gange herum und ließ bei denen, die schon schliefen, das Licht (es war 9 Uhr) wieder anmachen. Das ist nämlich ein furchtbar wichtiger (!) Streit hier, zwischen erwachsenen Menschen und vier Nationen, daß in den Regeln steht »um 22 Uhr ist das Licht auszuschalten« und nun die Einen ganz vernünftig sagen, daß jeder, der vorher schlafen geht, das Licht ausgemacht bekommt, wann er will, aber alle anderen (alle andern sind nur Hess und ich) spätestens um 10 Uhr. Aber der Russe sagt: »nein«. Es steht geschrieben »alle um 10 Uhr«. Darum streiten sie sich jetzt schon viele Jahre, und vielleicht kommt es noch vor die Außenministerkonferenz, wenn es so weiter geht. Ich finde solche Streitereien ganz schön; denn sonst hätten wir doch auch gar nichts zum Unterhalten, nachdem uns der Gesprächsstoff schon nach 1 Jahr ausging bis auf eine eingehende Beschreibung der Krankheiten und was aus diesen Krankheiten für neue Krankheiten kommen können – die aber nie kommen.

Mein Vater legte offensichtlich großen Wert darauf, nicht wehleidig vor uns dazustehen, sondern auch widrige Umstände mit Witz zu kontern. In einem Brief an mich vom 8. Mai 1949 schrieb er:

Ich möchte Dir, liebe Margret, etwas von hier erzählen. [...] Wir haben reichlich zu essen. Oft denke ich, ob Ihr auch so gut und so reichlich versorgt seid. Statt Brot essen wir in diesem Monat nur Bisquits, die von England kommen. Ich glaube, das würde Euch gut schmecken.

Die Versorgungslage, darüber waren wir durch seine Briefe wohl informiert, schwankte enorm, je nachdem welche der alliierten Besatzungsmächte die monatliche Verantwortung für das Gefängnis trug. Daß sein Humor teilweise etwas bemüht klang, entging meiner kindlichen Wahrnehmung. Zumindest erinnere ich nur die witzige Seite der Briefe, die vielen Streiche, die die Gefangenen den unfreundlichen Wärtern und mit netten Wärtern gemeinsam wiederum den Direktoren angeblich gespielt hatten, als handele es sich beim Rundgang im Gefängnishof um den Pausenhof einer Schule. Jeder »Sieg des Westens« wurde vermeldet, ob es nun um die Lichtregelung oder um die Blumen im Gefängnisgarten ging, die auszusäen meinem Vater verboten war.

Ihm muß der bemühte Ton aber doch bewußt gewesen sein, denn in einem Brief an meine Mutter schreibt er:

Meine liebe Gretel, ich dachte eigentlich, daß dieses dumme Zeug etwas für Albert – Margret wäre. Aber ich weiß nicht, nach dem Durchlesen, ob das richtig ist. Unser Humor hier hinkt doch sehr stark, und die schwere, drückende Stimmung scheint durch, auch wenn ich mir viel Mühe gab, sie zu unterdrücken. […] Ob Du es den Kindern zu lesen geben willst, überlasse ich Dir. Schreibe mir darüber.

Meine Mutter scheint keine Bedenken gehegt zu haben, sie gab uns seine Briefe – kommentarlos – zu lesen. Sie wurden nicht vor versammelter Mannschaft verlesen, sondern lagen einfach bei uns zu Hause herum. »Es ist wieder ein Brief gekommen, wenn Du willst, kannst Du ihn lesen«, hieß es dann lapidar. Im Nachhinein erst wird mir bewußt, wie nachlässig wir damit umgingen und wie schnell wir den Umstand, daß er in Haft und wir in Freiheit waren, als fast normal akzeptiert hatten. Hätte mein Vater nicht selbst frühzeitig dafür gesorgt, daß alle seine Briefe abgetippt wurden, wäre ihr Inhalt wohl völlig verlorengegangen.

Wir Kinder verfielen in kein großes Hurrageschrei, wenn ein Gefängnisbrief bei uns eintraf. Im Gegenteil, Anfang der fünfziger Jahre ergoß sich eine ganze Flut von Briefen über uns, in denen mein Vater in kleinster, beinahe unleserlicher Handschrift Protokoll über sein Gefängnisleben führte und die er allgemein an »Meine lieben Kinder« richtete. Er nannte diese Berichte, denen er manchmal Skizzen, etwa vom Gefängnisgarten, beifügte, die »Spanische Illustrierte« (Spanien stand für Spandau). Unter anderem dienten sie später als Grundlage für die »Spandauer Tagebücher«, die er 1975 publizierte.

Ein guter Freund hat mir geraten, erklärte er am 4. Oktober 1952, *ein Tagebuch zu führen. Das sei gut zur Erziehung des Charakters. […] Ich werde also jetzt damit anfangen! (Mit der Erziehung.) Mal sehen, was dabei herauskommt. Ich habe nämlich gar keine Lust, Euch das zu schreiben, was mich ärgert, sondern mehr das dumme Zeug, das wir hier manchmal treiben. – Das ist nämlich hier fast wie in der Schule. Man muß achtgeben, daß man nicht bestraft wird; ein wenig lernt man auch, sich nach der Laune des Vorgesetzten zu richten (was ganz gut ist, nachdem so lange sich viele sicher im »Vorzimmer« morgens nach meiner Laune erkundigten). Nur Noten gibt es hier noch nicht. Das ist aber bestimmt ein Vorteil, den ich vor Euch habe.*

Es gelang meinem Vater durchaus, einen Ton zu treffen, der bei uns Kindern ankam. Mit Hilfe eines Wärters war es ihm bereits seit 1947 möglich, »schwarze«, das heißt illegal verfaßte Briefe aus dem Gefängnis heraus- oder hineinzuschmuggeln. Geschrieben wurden sie auf dünnem blauen Papier, weshalb die Briefe bei uns immer wie in der Schule »blaue Briefe« hießen. Ein Großteil ihres Inhalts interessierte mich damals so gut wie gar nicht, ich pickte mir bloß das Anekdotenhafte heraus, das mich amüsierte. Mein Vater hatte ein Gespür für die absurden Vorgänge, die bürokratischen Verrenkungen, die menschlichen Verwicklungen, die im Spandauer Gefängnis an der Tagesordnung waren, und er verstand es, sich vor uns als gelassener Zellenbewohner zu präsentieren, der die internen Vorgänge mit einer Prise Ironie würzte, bestimmt schon damals mit einem Auge auf die Außen- und Nachwelt schielend. So erläuterte er uns einmal das »ganze System«, nach dem Spandau funktionierte, wobei er sich den Hinweis auf seine eigene, frühere Autorität nicht verkneifen konnte. Im übrigen habe ich diese Beschreibung aus seinem Brief vom 13. November 1952 geringfügig anders formuliert und unter einem ganz anderen Datum, nämlich dem 12. Februar 1948, in den »Spandauer Tagebüchern« wiedergefunden (Seite 137), ein Beleg dafür, auf welche Weise mein Vater später die privaten Briefe für Veröffentlichungen verwendete.

Jeder Direktor verfügt über 6 Wärter. Aber da es doch eine unlösbare Aufgabe wäre, diese sechs Wärter zu befehlen, steht zwischen diesem und dem Direktor noch ein Chefwärter. Einem

Direktor, dem französischen, ist damit noch nicht genügend Autorität verliehen. Er machte seinen Chefwärter außerdem noch zu seinem »Stellvertreter« und sagt, wenn man von ihm was will, manchmal dann großartig: »Besprechen Sie das mit meinem Stellvertreter«. Was Hi.[tler] hatte, kann er doch auch haben. –

Die Chefwärter sind auch mit Arbeit überlastet. Daher hat jeder einen stellvertretenden Chefwärter, der von einem der Wärter dargestellt wird. –

Das ganze System läuft so, daß sie wirklich alle Arbeit haben. Sie beschäftigen sich miteinander. Ich habe oft gestaunt, als ich noch etwas zu sagen hatte, wie man da für eine kleine Aufgabe irgendeinen Mann bestimmte, und wenn ich nach ein paar Monaten zusah, war aus diesem Mann eine Dienststelle mit Angestellten, Sekretärinnen, einem Riesenbüro und vielen Autos geworden. – Jetzt sehe ich von unten, wie so was funktioniert. [...]

Die Geschichten von eingeschlafenen Wärtern, wild gesäten Blumen, heimlich beschrifteten Kürbissen, beleidigten Direktoren entsprachen meinem kindlichen Gemüt und erfüllten zumindest den Zweck, daß ich mir das Gefängnisleben nicht allzu gruselig ausmalte. Zwar war es uns freigestellt, ob wir seine »blauen Briefe« lasen oder nicht, doch zurückschreiben mußten wir in jedem Fall, sonst war mein Vater beleidigt. So locker sein Ton klang, so fest hatte er doch die Zügel in der Hand, vor allem seitdem er Kassiber schmuggeln und damit meiner Mutter oder seinen Unterstützern draußen Anweisungen erteilen konnte. Mir kam es damals allerdings nicht so vor, daß er uns gängelte und versuchte, alles unter Kontrolle zu halten; weil er physisch nicht anwesend war, war er für mich keine einschüchternde und strafende Autorität, sondern eine ganz entfernte, bestenfalls moralische Instanz.

Wie umfangreich die Korrespondenz zwischen meinem Vater und der Familie in den Jahren seiner Haft gewesen ist, hatte ich vergessen, es wurde mir erst bei den Recherchen zu diesem Buch wieder bewußt. Nach seiner Entlassung aus dem Gefängnis hatten wir Kinder unsere offiziellen Briefe zurückerhalten; seine persönlich an mich adressierten »blauen Briefe« habe ich nicht wiedergefunden, sie müssen auf einem unserer vielen Umzüge verlorengegangen sein. Dafür bin ich auf einen Teil der allgemein an die Familie gerichteten inoffiziellen Briefe gestoßen, als ich in das ehemalige Haus meines Vaters ins Allgäu fuhr, um dort nach Material zu suchen. In den ersten Gefängnisjahren muß mein Vater ein beinahe manischer Schreiber gewesen sein, der jedes ihm erhältliche Stück Papier bekritzelte, so klein wie möglich, damit möglichst viel darauf paßte und es gut zu verstecken war. Er gewöhnte sich mit der Zeit eine so schlechte Handschrift an, daß er uns am 19. Oktober 1952 offiziell mitteilte, »weil Eure Schrift so sehr von mir geerbt ist, bin ich gebeten worden, Euch zu sagen, daß Ihr möglichst mit der Schreibmaschine schreiben sollt.« Die wir gar nicht besaßen und die wir auch gar nicht zu bedienen gewußt hätten, also blieb es beim Handschriftlichen, auch wenn durch alle Gefängnisjahre hindurch immer wieder Beanstandungen von der Zensurstelle kamen, sie könnten unsere Schrift nicht lesen, und damit gedroht wurde, unsere Briefe zurückzuschicken, was im Einzelfall auch geschah. Zufällig habe ich einen »blauen Brief« meines Vaters an uns aus dem Jahr 1961 gefunden, in dem er sich über die Zensoren mokierte und die Gründung eines »Familienschönschreibclubs« bekanntgab, um die Herren zu ärgern. Ich durfte nicht Mitglied werden, meine Handschrift war gut.

Mein Vater hatte Sinn für Humor, und der war auch nicht gestellt oder aufgesetzt, das empfinde ich beim Lesen seiner Briefe heute wie damals. Er macht ihn in meinen Augen zu einem durchaus gefühlvollen Menschen, auch wenn ihm das oft abgesprochen wurde; ich glaube eher, er hatte nicht gelernt, seine Gefühle zu zeigen, und hat sie hinter solchen Witzeleien versteckt. Vielleicht ist man als Kind dafür empfänglicher, als es Erwachsene sind, nimmt man die witzige Verpackung eher wahr als den unter Umständen bitteren Inhalt. So gab es eine Ebene der Verständigung zwischen uns, die eine bestimmte Verbundenheit herstellte, ohne daß wir uns wirklich nahekamen. Doch das sollte ich erst viel später verstehen.

Teilweise nahm das System der »schwarzen« beziehungsweise »blauen Briefe« irrwitzige Züge an, die uns Kindern jedoch zunehmend vertraut wurden. Vieles doppelte und deckte sich in den offiziellen und inoffiziellen Briefen inhaltlich, und man mußte höllisch aufpassen, daß man sich nicht verriet, indem man auf die anderen Briefe verwies oder Bezug nahm. Mein Vater beklagte sich manchmal, daß er sich in den »blauen Briefen« regelrecht leer geschrieben habe, so am 7. Dezember 1952:

Die letzten Tage habe ich soviel Briefe geschrieben, an Freund R. [gemeint ist Rudolf Wolters, M.N.], Mama, Hilde, und diesen Brief an Euch, daß ich gestern abend richtig das Schreiben satt hatte; Hilde mit dem offiziellen Brief an sie, mußte darunter leiden; ich war entsetzt, was für ein langweiliges Zeug ich da zusammengebraut hatte, als ich es noch mal las. Gerne hätte ich es noch mal geschrieben; aber das ist wie beim Schulaufsatz. Es heißt um 9 Uhr abends: »Wo ist der Brief?« Und da muß man abgeben, auch wenn es der größte Unsinn war.

Bei den Besuchen im Gefängnis wirkte das parallele Korrespondenzsystem manches Mal eher hinderlich. Über einen Besuch meiner Mutter schrieb mein Vater am 1. November 1952:

Die 45 Minuten sind länger als Ihr denkt. Hauptsächlich, da Mama und ich einen wahren Eiertanz aufführen müssen, um zu vermeiden, daß wir mehr »wissen«, als in den offiziellen Briefen stand. So müssen wir uns in aller Geduld manches noch mal erzählen, was wir schon aus diesen Briefen wissen.

Es gab viele Themen, die meinem Vater offiziell verboten waren. Darüber zu sprechen, holte er dann in den inoffiziellen Briefen nach. Alle Nachrichten von außen, vor allem »politische« Neuigkeiten, waren tabu: Ob Adenauer gewählt worden war oder nicht, durfte mein Vater nicht wissen. Die Gefangenen erfuhren es trotzdem, denn die Wärter erzählten es ihnen, überhaupt war Spandau eine Hochburg des Klatsches und Tratsches, wenn man den Briefen meines Vaters Glauben schenken darf. Zeitungen erhielten die Häftlinge in den ersten Jahren gar nicht. Aber auch über die internen Reglements oder über den von ihm angelegten Gefängnisgarten durfte er offiziell nichts schreiben. Das machte es natürlich doppelt schwer für ihn, sich in den offiziellen Briefen auf interessante Weise zu äußern. Heraus kamen dann so belanglose Briefe wie der vom 17. Januar 1949, der steif und hilflos klingt:

Meine liebe Margret,
Was spielst Du schon vierhändig mit Hilde? Bald wirst Du sie am Klavier zum Flötenspiel begleiten können. Schade, daß ich Deine Bastelarbeiten nicht sehen kann. Sie sind sicher recht schön. Wie war Euer Weihnachten? Schreib mir darüber etwas das nächste Mal. […]

Auch ich schrieb natürlich entsprechend artige Geburtstagswünsche oder Weihnachtsgrüße. Hier der erste Brief, den ich ihm 1947 ins Gefängnis schickte:

Heidelberg, den 4.3.47

Lieber Papa!
Ich gratuliere Dir zu Deinem Geburtstag und wünsche Dir, daß Du gesund bleibst und wir uns bald wiedersehen. Diesen Brief schreiben wir Dir bei der Omi, weil Fritz und ich da immer lernen. Es macht mir sehr viel Spaß. Am Samstag waren wir im

Schichteltheater. Es wurde Rotkäppchen gespielt. Weil ich nicht viel Neues erlebe, schreibe ich Dir, wie es mir im Schichteltheater gefallen hat. Rotkäppchen hat sehr gut gespielt. Der Wolf hat mir auch sehr gut gefallen. Er hat fünf Zähne und einen Krokodilkopf. Sogar der Stuhl von der Großmutter hat sich umgedreht, und der Bademantel hat gesprochen. Wir warten jetzt schon seit drei Tagen auf den Ernsti, und er ist immer noch nicht gekommen. Wir freuen uns jetzt sehr auf den Frühling, da können wir jeden Tag in den Wald gehen.

Viele Grüße und alles Gute wünscht Dir
Deine Margret

Margret Speer, Heidelberg 1947

Im Laufe der Jahre wurde der Ton zwischen uns selbst in den offiziellen Briefen vertrauter, entwickelten wir eine Art Brieffreundschaft. Wie viele Jahre habe ich ihm zum Geburtstag gratuliert oder frohe Weihnachten gewünscht und dabei dem Wunsch Ausdruck verliehen, »das ist jetzt aber das letzte Weihnachten, daß Du nicht hier bist, gell?« (16. Dezember 1956)

Der Briefwechsel erfüllte gerade in den ersten Jahren der Haft eine wichtige Funktion: Er sicherte die Position meines Vaters als unantastbares Oberhaupt der Familie und hielt ihn in unserem Alltag präsent. Ein väterlicher Geist, der durch unser Haus und unsere Köpfe spukte, obwohl er nie direkt zugegen war. Besuchen konnten wir Kinder ihn ja in den ersten Jahren nicht. Die Regelung lautete, daß er alle zwei Monate eine Viertelstunde lang Besuch von einem Familienmitglied erhalten durfte. Diese

Zeit stand natürlich in erster Linie meiner Mutter zu. Da sie Mühe hatte, das Geld für die Einzelreisen nach Berlin aufzubringen, sparte sie die Viertelstunden für einen längeren Besuch zusammen.

Im Juni 1947 besuchte sie meinen Vater zum ersten Mal im Spandauer Gefängnis. Mein Vater hatte furchtbare Angst, daß sie bei ihrer Fahrt durch die sowjetisch besetzte Zone von den kontrollierenden Beamten aufgrund ihres Namens herausgegriffen werden könnte. Diese Befürchtung erwies sich als unbegründet.

Eingebunden in den Familienbetrieb registrierte ich zwar, daß meine Mutter öfter auf Reisen ging, doch wohin sie ihre Reisen führten, spielte keine große Rolle für mich. Wir Kinder waren eine Welt für uns. Daß wir so viele waren, schirmte uns auf gewisse Weise von der Außenwelt ab; ja, ich würde heute so weit gehen zu sagen, das war unser Halt und unsere Rettung. Die Erwachsenen interessierten mich kaum, aus ihrer Welt kam wenig an mich heran. Was meine Mutter von ihren Gefängnisbesuchen in Berlin berichtet hat, weiß ich daher nicht mehr. Daß sie belastend waren, entnehme ich den »Spandauer Tagebüchern« meines Vaters, der nach ihrem ersten Besuch am 14. Juni 1947 festhielt:

Es war eine Quälerei, vielleicht noch mehr für sie als für mich. Unter den Blicken dieser fünf oder sechs fremden Menschen brachten wir kein natürliches Wort heraus. Trotzdem war es ein großes Ereignis. […] Ich freute mich sehr, wie viel besser sie aussah. (Seite 266)

1953 wurden die Besuchsregelungen gelockert, jetzt konnte man meinen Vater eine halbe Stunde pro Monat besuchen, doch durften die Zeiten nicht mehr zusammengefaßt werden. Um Reisegeld und Zeit zu sparen, wurde der eine Besuch an das Ende des einen Monats gelegt, der zweite an den Beginn des nächsten Monats. 1954 fuhr ich das erste Mal mit meiner Schwester Hilde nach Berlin. Ich war noch keine sechzehn Jahre alt und durfte deshalb nur in Begleitung eines älteren Geschwisterkindes gehen. »Hilde und Margret waren zweimal zusammen hier«, notierte mein Vater glücklich (»Spandauer Tagebücher«, Seite 367). »Voller Charme im Gespräch wie in den Bewegungen.« Bei unserer letzten Begegnung war ich sechs Jahre alt gewesen, nun stand ich an der Schwelle zum Erwachsensein.

Ich bin lange der festen Überzeugung gewesen, ich hätte die ersten Besuche bei meinem Vater vergessen, doch es hat vor 1954 gar keine Besuche von mir gegeben. Inzwischen weiß ich, so sehr er sich auf die Besuche freute, so sehr fürchtete er sie auch. Er wollte uns den Blick auf das konkrete Gefängnisdasein, das er in den »blauen Briefen« von der komischen Seite nahm, ersparen. In meinen Briefen schrieb ich dann immer, ich freue mich ja so, daß ich kommen darf. Das war auch nicht gelogen, aber trotzdem war

Wachwechsel zwischen Franzosen und Sowjets vor dem alliierten Kriegsverbrechergefängnis in Berlin-Spandau, 1956

der Besuch jedesmal ein schlimmes Erlebnis für mich: Zu zweit oder alleine, ohne jede Begleitung oder moralische Unterstützung eines Erwachsenen, mußte ich mit dem Zug von Heidelberg nach Berlin fahren und dann wiederum zu einer bestimmten Uhrzeit mit der Straßenbahn nach Spandau hinaus. Dort stand ich dann vor dem Gefängnistor und zog an einer Blechglocke. Kein Wunder, daß ich Bauchweh bekam. Einmal mußte ich gemeinsam mit meinem Bruder Fritz zunächst in die Schrebergärten gegenüber vom Gefängnis verschwinden, erst danach fühlten wir uns für einen Gefängnisbesuch gewappnet.

Nach dem Läuten erschien ein Wärter in der Metalltür, die sich, daran erinnere ich mich genau, immer laut knarrend öffnete. Neben dem Eingang gab es einen Besucherraum. Ich wurde dorthin geführt und mußte meine Personalien in ein großes Buch eintragen. Anschließend setzte ich mich und wartete, bis es hieß: Mitkommen! Über lange Korridore ging es dem Wärter nach, der mit seinem riesigen Schlüsselbund eine Tür nach der anderen auf- und wieder zuschloß. Bis ich im gleichen Raum mit meinem Vater stand. Umarmen oder anfassen durften wir uns nicht, wir waren durch einen breiten Tisch voneinander getrennt. Beim ersten Besuch mit Hilde war zusätzlich noch ein Gitter zwischen uns, auf das später verzichtet wurde. Hinter meinem Rücken sowie hinter meinem Vater saßen fremde Leute, die darauf aufpaßten, daß wir nichts Falsches sagten, und die kein Hehl daraus machten, daß sie interessiert zuhörten. Es kam durchaus vor, daß sie ins Gespräch eingriffen, weil man aus Versehen ein verbotenes Thema angeschnitten oder einen Namen genannt hatte. Das alles mußte man ignorieren und dennoch möglichst natürlich mit dem uns fremden Mann reden: über die Schule und was man als junges Mädchen halt so erlebte, denn er hatte ja nicht viel zu erzählen aus dem Gefängnis. Das klingt hart, aber an Äußerlichkeiten gab sein Gefängnisalltag wenig her. Im übrigen durfte er darüber auch gar nicht sprechen. Er war also auf die Rolle des Fragenden beschränkt.

Trotz der einschüchternden Umstände muß ich beim ersten Mal fröhlich in den Raum marschiert sein und, so schreibt mein Vater in seinen Tagebüchern, gesagt haben: »Du siehst noch genauso aus wie früher!« Er notiert weiter: »Noch nie in den letzten neun Jahren war ich der Gefängniswelt so völlig entkommen« (»Spandauer Tagebücher«, Seite 367). Erstaunlich, daß ich zu meinem Vater spontan einen so persönlichen Ton fand. Wie in den Briefen, die sich teilweise so lesen, als hätte ich einer Freundin geschrieben. Woher rührte diese Vertrautheit? Vielleicht war sie eine Folge meiner kindlichen Bewunderung, die durch den Kriegsverbrecherprozeß und die besonderen Umstände seiner Haft nicht gebrochen worden war, sich vielleicht sogar verstärkt hatte, jedenfalls keine Zweifel an seiner Integrität zuließ. Außerdem hatten wir uns neun Jahre nicht gesehen, so daß ich genügend Zeit gehabt hatte, mir ein geschöntes Bild von meinem Vater zu machen, das vielleicht vor allem dem entsprach, was ich mir damals selbst wünschte oder an Wünschen auf ihn übertrug.

Am 14. August 1955 kündigte mir mein Vater die nächste Besuchserlaubnis an:

Unterdes hast Du sicher den Termin für Deinen Besuch am 30. August bekommen und Dich wohl gewundert, daß Du nachmittags noch einmal für eine halbe Stunde kommen kannst. Es handelt sich um einen genehmigten Extrabesuch. […] Ich bin natürlich gespannt, Dich nach so langer Zeit wiederzusehen. Es ist jetzt schon über ein Jahr, seitdem Du hier warst. An Gesprächsstoff wird es uns sicher nicht fehlen! Aber wenn uns für ein paar Minuten der Atem ausgehen sollte, weil wir so viel gequasselt haben, dann schadet das auch nichts.

Extra zu Deinem Besuch ließ ich mir drei »Kronen« auf dem Kopf entfernen, denen das allzu ofte Bürsten meiner restlichen Haare nicht gefiel. Nun haben es allerdings Karikaturisten schwerer, mich zu treffen. Morgen werden als Abschluß der Prozedur noch zehn Fäden gezogen, woran ich heute schon ungern denke. Das ist die große Neuigkeit, die ich zu bieten habe. Ich freue mich schon sehr auf unser Wiedersehen nach so langer Zeit. Prima, daß unser Besuch nun doppelt so lang ist.

So gefiel mir mein Vater, locker, humorvoll, charmant. Wir Geschwister haben dennoch oft gesagt, wäre unser Vater zu Hause gewesen, wäre es bestimmt strenger zugegangen. Im Grunde konnten wir uns unabhängiger entwickeln, weil er weit weg war. Statt dessen haben wir uns fast zwanzig Jahre lang Briefe geschickt, in denen wir vieles schreiben konnten, was wir mündlich nicht formuliert hätten.

Wie anstrengend und abenteuerlich zugleich die Reisen nach Berlin für mich gewesen sein müssen, dokumentiert ein Brief, den ich meinem Vater am 4. September 1955 direkt im Anschluß an meinen Besuch bei ihm schrieb. Er ist noch ganz vom Enthusiasmus einer durchfahrenen und durchredeten Nacht geprägt:

Lieber Papa!
Der Besuch bei Dir ist ja schon wieder lange vorbei, und Fritz kommt morgen [...], wir haben jedenfalls keine langen Kunstpausen eingelegt. Was soll man sonst auch reden.

Am Nachmittag war es dann noch ziemlich langweilig. Ich lief auf dem Kurfürstendamm spazieren und setzte mich dann in den Bahnhof. Im Zug war es dafür umso schöner. Erst hatte ich keinen Sitzplatz und stand im Gang. Neben mir, am Fenster, stand ein junger Herr, der den Schaffner fragte, wo noch Platz wäre. Er ging dann an mir vorbei und sagte hinten wäre noch Platz. Also ging ich hinter ihm her. Wir kamen in ein sehr nettes Abteil. Noch nie bin ich so schön gereist und die Nacht ging so schnell um, ohne zu schlafen. Wir lachten die ganze Nacht und irgend jemand erzählte immer etwas. […]

Auf jeden Fall war es eine wunderbare Reise ohne zu schlafen. Zu Hause legte ich mich dann in den Liegestuhl und schlief bis um 7 Uhr abends, bis mich Frl. Klara weckte. Dann schlief ich im Bett weiter. Noch nie habe ich soviel geschlafen.

Viele Grüße Margret

Die Reisen nach Berlin eröffneten trotz aller Strapazen auch völlig neue Welten. In den ersten Jahren blieb ich wegen der Schule nur kurz in Berlin, nahm den Nachtzug hin und fuhr am nächsten Abend schon wieder zurück. Die Wartezeit vor und nach dem Gefängnisbesuch verbrachte ich mit einem Bummel über den Kurfürstendamm oder einem Besuch im »Aki-Kino« am Bahnhof Zoo, wo internationale Kurzfilme liefen. Als ich älter wurde, versuchte ich immer ein paar Tage in Berlin zu bleiben und quartierte mich dann bei einem Vetter oder bei meinen in Berlin studierenden Geschwistern Hilde und Fritz ein.

Ich interessierte mich schon damals für Architektur und besuchte 1957 die internationale Bauausstellung, die »Interbau«, in deren Rahmen das im Krieg fast vollständig zerstörte Hansaviertel unter Einbeziehung des Tiergartens neu entstand. Den Katalog habe ich heute noch, es waren Bauten weltberühmter Architekten wie Alvar Aalto, Oscar Niemeyer, Walter Gropius, Egon Eiermann, Arne Jacobsen, Le Corbusier, Max Taut dabei, und ich schaute mir begeistert ihre Modellwohnungen an. Am meisten beeindruckte mich das Haus auf Stelzen des Brasilianers Oscar Niemeyer. Die höhere Bebauung und das viele Grün zwischen den Häusern entsprachen dem damaligen Zeitgeist. Als Antwort auf die Westberliner »Interbau« entstanden an der Stalin-

Allee, der heutigen Karl-Marx-Allee, prunkvolle Wohnhäuser im sowjetischen Zuckerbäckerstil, die ich 1956 mit meinem Fotoapparat festgehalten habe. Und schließlich lernte ich auf diesen Reisen die Aufführungen des »Berliner Ensembles« kennen, die mich so begeisterten, daß ich Brecht als Thema für die Abiturprüfung wählte.

Mein Bruder Fritz, der seit 1957 in Berlin studierte, ging leidenschaftlich gern ins Theater – im Westen war es die Glanzzeit des Schiller- und des Schloßpark-Theaters – und vor allem in die Oper. Mir lagen Konzerte und Kammermusik eher, doch ich begleitete Fritz trotzdem gern, obwohl ich die Oper erst später richtig für mich entdeckte. Bei Wagner schlief ich allerdings regelmäßig ein, diese auf andere so pathetisch-dramatisch wirkende Musik hatte auf mich einfach nur angenehm ermüdende Wirkung.

Mein Bruder Fritz wußte auch, wo man in Berlin gut essen gehen konnte. Von ihm lernte ich nicht nur wo, sondern auch wie man gut ißt. Dabei kam uns entgegen, daß mein Vater uns bei jedem Besuch zum Essen einlud. Bezahlt wurde das von ihm aus den Geldern des Unterstützerkontos, indem er nachträglich durch einen »blauen Brief« die Summe an uns überweisen ließ. Oft verabschiedete er sich am Ende unseres Besuchs im Gefängnis mit einem schelmischen »Guten Appetit«. Wir gingen dann – für unsere Verhältnisse ganz vornehm – in einem der besseren Restaurants der Stadt essen und zerbrachen uns nicht den Kopf, welche verschlungenen Wege Geld und Schuldgefühle nehmen konnten. Uns schmeckte es.

Die Briefdirigentin

1952 wurden die Bestimmungen für den Briefverkehr mit meinem Vater gelockert, und wir durften nun wöchentlich einen Brief schreiben.

Sonntag 2.11.52

Lieber Papa!
Vor ein paar Minuten war der Briefträger da und hat Deinen Brief gebracht, in dem Du geschrieben hast, daß wir jetzt jede Woche 1300 Worte schreiben dürfen. Das hat mich sehr gefreut und ich habe mich gleich an die Arbeit gemacht. [...] Leider ist diese Seite ein großes Geschmier geworden, aber ich muß eng schreiben. Ich muß jetzt Schluß machen und weiß auch nichts mehr. Vielen Dank für deinen Brief und viele Grüße Margret

1300 abgezählte Wörter pro Woche durften, mußten es sein. Das bedeutete oft eine lästige Pflicht, konnte aber auch Spaß machen, wenn die ganze Familie Sonntag nachmittags um den Küchentisch saß und nach Worten suchte. Einmal formulierte ich etwas gequält: »Lieber Papa! Ich will Dir heute einen ziemlich langen Brief schreiben, wenn mir genug einfällt« (22. Februar 1953), an anderen Tagen floß mir sozusagen die Feder über. Die uns zugestandenen 1300 Wörter bedeuteten bei einer siebenköpfigen Familie im Grunde nicht viel für den einzelnen Schreiber. Jeder notierte seine Wörterzahl am Ende des Briefes, so hatte jeder einen Anhaltspunkt, wieviel er noch schreiben konnte oder mußte. Einer von uns saß bestimmt da, wußte nicht, was er schreiben sollte, und schielte zu den anderen hinüber, wieviel die schon geschrieben hatten. Nachher wurde zusammengezählt. Jeden Sonntagabend wurde der Brief pünktlich zur Hauptpost gebracht, damit er rechtzeitig in Spandau eintraf. Eines der Kinder mußte schnell zu Fuß, später mit dem Fahrrad oder mit dem Moped, den Berg hinuntereilen und den Brief aufgeben. Traf dieser nicht zum vorgeschriebenen Zeitpunkt ein, wurde er meinem Vater in der betreffenden Woche nicht ausgehändigt. Jedes Wochenende hieß das, sich den Kopf zu zerbrechen, was man dem fernen Vater schreiben, womit man ihm eine Freude machen konnte. Jedes Wochenende hieß das, womöglich um Platz streiten. Oder sich etwas aus den Fingern zu saugen, weil ein Teil der Geschwister nicht zu Hause war.

Aus heutiger Sicht war diese Pflicht ein wirksames Mittel, den Vater in unserem Bewußtsein wachzuhalten. Der beschwerte sich allerdings nach einiger Zeit vom Gefängnis aus, daß es mit der Organisation der Briefe nicht so gut klappte, und sorgte für Abhilfe. Er versuchte immer alles unter Kontrolle zu behalten. Und so kam es 1954 zu meiner Ernennung zur »Briefdirigentin«, für die ich mich in einem Brief mit zwiespältigen Gefühlen und nicht ohne Ironie bedankte:

Heidelberg, 4.12.54

Lieber Papa!
[…] Vielen Dank übrigens für Deinen langen Brief und untertänigsten Dank für die ehrenvolle Ernennung zum Briefdirigenten. Ich werde mich bemühen, mein Bestes zu tun, mich des Postens würdig zu benehmen. Ich weiß aber nicht genau, wie Du das meinst, wenn wir nur alle 14 Tage schreiben. Das klappt ja doch nicht und es sind dann nie genug Worte da. Es ist (glaube ich) schon besser, wenn wir es so machen wie bisher. Mama kann ja jedesmal schreiben, Albert und Hilde alle 14 Tage und wir anderen teilen uns dann den Rest. Du siehst

ja, heute ist auch noch so viel für mich übrig geblieben, da Hilde nicht geschrieben hat und Albert nur kurz. [...]
Alles Gute Margret

Ich mußte also organisieren, daß die 1300 Wörter zusammenkamen und daß die Post pünktlich wegging. Mein neues Amt sah außerdem vor, daß ich jede Woche die beiden Fotos auswählte, die wir mitschicken durften. Es mußte immer ein Familienmitglied abgebildet sein. Anfangs machte mein Vetter die Fotos, doch nach seinem Examen zog er weg, und die Stelle wurde sozusagen vakant. Ich wünschte mir einen Fotoapparat, den ich auch bekam, und von diesem Moment an fotografierte immer ich – auch heute bin ich noch die Familienfotografin und -archivarin. Ich richtete mir im Kinderbadezimmer ziemlich bald eine primitive Dunkelkammer ein und vergrößerte selbst. Für meinen Vater habe ich laufend die Familie fotografiert, Landschaften oder der Garten allein waren als Motive nicht erlaubt. Einmal behielt die Zensurstelle des Gefängnisses ein Foto ein, auf dem nur der Hund zu sehen war, den uns der Vater über Freunde organisiert hatte. Er zählte nicht als Familienmitglied.

Warum hatte mein Vater mich als »Briefdirigentin« ausgewählt? Weil ich die Praktischste von uns war? Die Zuverlässigste? Die Gerechteste? Die große Verteilerin? Immer wenn wir sechs Geschwister eine Tafel Schokolade geschenkt bekommen hatten, durfte ich sie für uns aufteilen. Ich galt als patent. Meine ältere Schwester war hingegen mehr die Intellektuelle. Sie bemühte sich später auf verschiedene Weise im Inland wie im Ausland um die vorzeitige Freilassung meines Vaters und war immer politisch aktiv. Das ist sie heute noch. Ich dagegen war mehr der Typ, der im Haushalt einsprang, bei Familienfeiern half, sich im Hintergrund hielt, aber zupacken konnte, wenn es nötig war. Das Briefdirigentenamt war durchaus anstrengend. Vor allem,

Die ersten Aufnahmen
mit dem eigenen Apparat:
die Großeltern Weber,
Margarete Speer, Hilde, Fritz
und Albert Speer an Weihnachten, Heidelberg 1955

als wir älter wurden, fiel es mir nicht immer leicht, die anderen dazu zu animieren, ihrer Pflicht nachzukommen. Der eine hatte keine Lust, der andere studierte schon in einer anderen Stadt, dem Dritten fiel nichts ein, und so kam es, daß ich selbst teilweise recht viel schrieb.

Heute haben sie mir mal wieder einen Haufen Wörter übrig gelassen. Das kommt davon, wenn man Briefdirektor ist. Man bekommt immer den Rest, und in der letzten Zeit ist es meistens sehr viel. Ich weiß nicht, ob ich mich immer verzähle, aber jetzt habe ich meiner Meinung nach schon wieder über 400 Worte, wie schnell das doch geht. (6. Mai 1956)

Mir ist das Schreiben meistens leicht gefallen. Noch 1962, als wir alle längst aus dem Haus waren, versprach ich meinem Vater: »Ich werde mich sehr bemühen, die Brieftermine in Zukunft etwas zu regeln«. Da hatte er sich offensichtlich über unsere nachlassende oder zu chaotische Korrespondenz beklagt. Alles in allem hielt ich mein Amt bis zur Abreise nach Bagdad durch, aber natürlich habe ich ihm weiterhin geschrieben. Trotz Studium, Heirat, Geburten, ein Brief an den Vater mußte organisiert werden, mußte sein. Mein letzter Brief datiert vom 26. September 1966, vier Tage vor seiner Entlassung, als ich ihm schrieb: »Langsam wird es spannend«, und ihm in Bezug auf das geplante Familientreffen versicherte: »Die gesamte Essensversorgung habe ich fest in der Hand.« Typisch Margret.

Nachdem mein Vater aus dem Gefängnis entlassen worden war, händigte man ihm sämtliche Briefe aus, die er von uns erhalten hatte. Er sortierte sie, datierte sie nachträglich und gab sie jedem von uns zurück. Ich legte die meinen ungelesen zur Seite, warf sie aber zumindest nicht weg. Ich wäre nie auf den Gedanken gekommen, daß ich sie noch einmal ansehen oder verwenden würde. Bei genauerer Betrachtung habe ich doch recht viel aufgehoben, was mit meinem Vater und jener Zeit zusammenhängt. Und das, obwohl ich nichts damit zu tun haben wollte. Erst jetzt habe ich diese Briefe wieder hervorgeholt. Sie tragen alle noch den Stempel des »Allied Prison« in Spandau, wie auch die Fotos, sowie den Zusatz »Nr. 5«, die Häftlingsnummer meines Vaters.

Bei persönlichen Themen zu bleiben, fiel mir als Kind nicht schwer. Politische Themen anzusprechen war grundsätzlich verboten, aber was hätte ich ihm auch vom Arbeiteraufstand am 17. Juni in der DDR oder vom Indochinakrieg schreiben sollen? Zu solchen Dingen konnte ich nicht viel sagen. Ich berichtete statt dessen zum Beispiel im Detail von meiner Konfirmation (24. Mai 1952):

Wir mußten niederknien, und jeder bekam seinen Konfirmandenspruch gesagt. Meiner heißt: Mein Geist soll unter euch

Konfirmation von Fritz und Margret Speer, Heidelberg 1952

Margret Nissen, aus der Fotoserie *Hotel Esplanade,* Berlin 1985

Margret Nissen, aus der Fotoserie *Gipsabgüsse in den Kellern des Pergamonmuseums,* Berlin 1992

Margret Nissen, aus der Fotoserie *Kohlehalden auf dem Gelände des ehemaligen Potsdamer Güterbahnhofs*, Berlin 1980

bleiben. Fürchtet euch nicht. (Haggai 2,5) [...] Danach wurden wir eingesegnet und mußten dann um den Altar herumlaufen und den Kirchenältesten die Hand geben. Nach der Kirche gingen wir nach Hause und beschauten erst einmal unsere Geschenke. Wir wurden sehr reich beschenkt. Ich bekam von Omi eine Uhr, wo ich und Mama aber noch etwas drauflegen mußten. Von Mama und Großmutter bekam ich ein Standard-Fahrrad. [...]

Das Fahrrad veränderte mein Leben. Von nun an konnte ich meinen langen Schulweg mit dem Rad zurücklegen. Und auch abendliche Aktivitäten wurden viel attraktiver. Ich wurde einfach unabhängiger. Die Geschichte mit der geschenkten Uhr ist bezeichnend für das Verhältnis zu den Großeltern Speer beziehungsweise umgekehrt für deren Verhältnis zu uns. Von den Eltern meiner Mutter erhielt ich das ersehnte Fahrrad, von der Mutter meines Vaters dagegen ein Geschenk, für das ich aus meinem Taschengeld dazuzahlen mußte. Das empört mich heute noch.

Die Briefe an meinen Vater rufen mir heute mein Leben als junges Mädchen und junge Frau in Erinnerung, von dem ich vieles bestimmt inzwischen vergessen hätte, wenn ich es nicht in meinem Mitteilungseifer nach Spandau geschrieben hätte. So berichtete ich zum Beispiel von meinen Besuchen im Heidelberger Stadttheater, wo ich seit 1952 mit der sogenannten »Schülermiete« an bestimmten Tagen verbilligte Karten für die Aufführungen erhielt. Ich ging mit meinem Bruder Fritz dorthin, später auch alleine oder mit Freundinnen. Wir sahen den ganzen traditionellen Kanon, Schauspiele, aber auch Opern und Operetten.

Daß der »Prinz von Homburg« Dein Lieblingsstück ist, hat mich wirklich sehr gefreut, denn auch mir hat es sehr gut gefallen, da es auch gut gespielt war. Am letzten Mittwoch war ich wieder im Theater, ich war in »Michael Kramer« von Gerhart Hauptmann. Mir hat es sehr gut gefallen, obwohl es noch nichts Richtiges für mich war. (7. Dezember 1952)

Später begann das Heidelberger »Zimmertheater« moderne Stücke zu spielen, Sartre, Beckett und andere Autoren, von denen wir in der Schule nichts hörten. Immerhin war auch mir klar, daß Sartre nicht zu den bevorzugten Autoren meines Vaters gehörte.

Letzten Sonntag konnte ich leider nicht schreiben, denn als ich nach Hause kam, war der Brief schon fertig. Ich war an dem Sonntag in »Die schmutzigen Hände« von Jean-Paul Sartre. Vielleicht findest Du, ich sollte da noch nicht hingehen, aber es hat mir doch sehr gut gefallen. Morgen diskutieren wir auch darüber in Deutsch. Jeden Montag machen wir das vor der Schule, wo wir uns über Bücher unterhalten. Es fällt mir immer sehr schwer aufzustehen, aber morgen habe ich auf jeden Fall vor hinzugehen […] (30. Januar 1955)

Ins »Zimmertheater« ging man selbstverständlich ganz in Schwarz, es war die Zeit des Existentialismus. Meinem Faible für dunkle Farben kam das entgegen. Außerdem traf man sich im sogenannten Filmclub, wo alle damals künstlerisch wichtigen Filme gezeigt wurden, »Kinder des Olymp«, »Bitterer Reis«, »Lohn der Angst«. In den letzten Schuljahren besuchte ich öfter mit Freunden das »Cave«, ein Lokal in einem Kellergewölbe in der Altstadt, wo amerikanische und deutsche Musiker Jazz spielten. Schwarz war natürlich auch hier Pflicht, es wurde getanzt, geredet und philosophiert. Ins »Cave« gingen auch amerikanische Soldaten, nicht in Uniform, sondern in Zivil. In unserer Familie wurde viel Musik gehört, klassische Musik, aber auch Jazz. Albert besaß viele Platten, Louis Armstrong, Duke Ellington, Gene Krupa, diese Musik fand ich toll, doch war sie kein Thema in meinen Briefen. Mir ist heute nicht klar, ob ich diese Themen damals bewußt ausgespart habe, weil ich wußte, daß mein Vater in dieser Hinsicht viel konservativer geprägt war und damit nichts würde anfangen können.

Statt dessen plauderte ich unbeschwert über unsere Haustiere, Tanzstunden, Kinobesuche, Näharbeiten, alles was

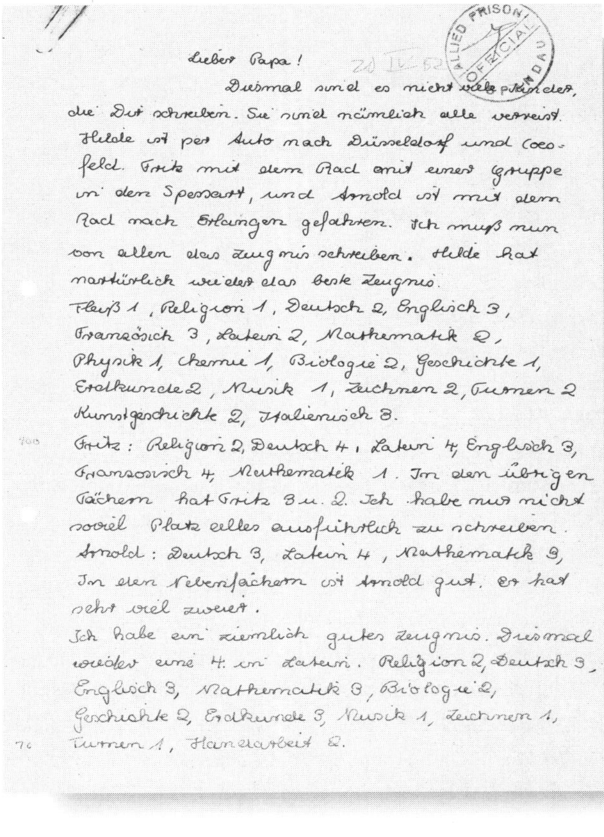

ALLIED PRISON OFFICIAL SPANDAU

Lieber Papa!

Diesmal sind es nicht viele Kinder, die Dir schreiben. Sie sind nämlich alle verreist. Hilde ist per Auto nach Düsseldorf und Coesfeld. Fritz mit dem Rad mit einer Gruppe in den Spessart, und Arnold ist mit dem Rad nach Erlangen gefahren. Ich muß nun von allen das Zeugnis schreiben. Hilde hat natürlich wieder das beste Zeugnis.

Fleiß 1, Religion 1, Deutsch 2, Englisch 3, Französich 3, Latein 2, Mathematik 2, Physik 1, Chemie 1, Biologie 2, Geschichte 1, Erdkunde 2, Musik 1, Zeichnen 2, Turnen 2 Kunstgeschichte 2, Italienisch 3.

Fritz: Religion 2, Deutsch 4, Latein 4, Englisch 3, Französisch 4, Mathematik 1. In den übrigen Fächern hat Fritz 3 u. 2. Ich habe nur nicht soviel Platz alles ausführlich zu schreiben.

Arnold: Deutsch 3, Latein 4, Mathematik 3, In den Nebenfächern ist Arnold gut. Er hat sehr viel zweier.

Ich habe ein ziemlich gutes Zeugnis. Diesmal wieder eine 4. in Latein. Religion 2, Deutsch 3, Englisch 3, Mathematik 3, Biologie 2, Geschichte 2, Erdkunde 3, Musik 1, Zeichnen 1, Turnen 1, Handarbeit 2.

Brief vom 20. April 1952

den Alltag eines jungen Mädchens in den fünfziger Jahren bestimmte. Oder ich verriet stolz, daß ich mal wieder sieben Knödel verdrückt hatte – ich mußte immer noch mit den Brüdern mithalten. Vor allem aber zählte ich meinem Vater minutiös alle Zeugniszensuren auf, erläuterte ihm das neue Zensurensystem und hielt ihn über meine Klassenarbeiten auf dem laufenden. Sogar die Noten meiner Geschwister teilte ich ihm in aller Ausführlichkeit mit.

Wollte ich mit den unendlichen Aufzählungen Platz schinden? Nein, mein Vater verlangte, darüber informiert zu werden. Er dachte sich sogar ein Punktesystem aus. Die Prämien für gute Leistungen wurden dann aus dem »Schulgeldkonto« bezahlt. In einem Brief vom 5. Februar 1956 bedankte ich mich:

Vielen Dank für Deinen Brief. Mit den Versetzungspunkten, das ist ja prima. Die ganze Familie sitzt jetzt da und rechnet, wo sie noch eine gute Note raushauen kann. Einen Ansporn gibt sowas bestimmt, ich bin nämlich zur Zeit sehr gleichgültig, auch mit meiner 5 in Englisch, versuche aber ab morgen, mich zu bessern.

Mit kindlichem Eifer und viel Liebe zum Detail ging es immer so weiter, in vielen Briefen, auf die mein Vater zu meiner Unzufriedenheit jedoch nur kurz einging. Einmal traute ich mich, mich darüber zu beschweren:

Heidelberg, den 2. Oktober 55

Lieber Papa!
[…] Ich verstehe es, daß Du in meinen Briefen keine Probleme findest, die Du aufgreifen kannst. Ich finde ja auch keine, vielleicht bin ich deshalb auch so schlecht in Deutsch, da ich nirgends richtige Probleme sehe und mir etwas überlegen könnte. In Deutsch mache ich in der Stunde auch nie mit, da ich nie auf solche Ideen komme, und in Aufsätzen ist es das Gleiche. Deshalb mag ich die Deutschstunden auch gar nicht, und jetzt

haben wir auch noch bei unserer Direktorin Unterricht und nur die halbe Klasse. Da fällt es doppelt auf.

Sonst gibt es zu meinem Schulleben ja auch nichts zu schreiben. Es ist ja doch immer das Gleiche und was anderes kommt ja nicht vor. Ich fand es die ganze Zeit immer ein bißchen komisch, daß Du an die andern so lang schreibst und an mich nur kurz. Wenn das nur diesen einen Grund hat, so bin ich ja beruhigt. Ich kann Dir ja weiter nur so alltägliche Sachen schreiben, aber ich glaube, daß es Dich interessiert, nur zu antworten gibt es dann eben nicht viel. […]

Jetzt aber Schluß.

Herzliche Grüße Deine Margret

Ich formulierte vorsichtig meine Nöte und eine leise Kritik an seiner zurückhaltenden Erwiderung. Ganz zufrieden mit meiner Rolle der vor allem praktisch veranlagten Tochter bin ich nicht gewesen; zumindest hätte ich sie gerne mehr honoriert gesehen. Schmerzlich spürte ich einen Mangel im Vergleich zu meinen Geschwistern. Das Verhältnis zu meinem Vater war freundschaftlich, etwas frotzelnd und von meiner Seite aus fast fürsorglich, wenn ich bedenke, daß ich ihm einen Pullover strickte und mit einer langen Waschanleitung versehen ins Gefängnis schickte:

Dein Pullover ist heute endlich fertig geworden. Hoffentlich paßt er. Mir ist er ein bißchen zu groß, aber sonst finde ich ihn prima. Er ist eben jetzt so modern. Hoffentlich zieht er sich nicht so aus, Du mußt sehr vorsichtig mit ihm umgehen. Waschen mußt Du ihn wie Deine neue Unterwäsche, nicht zu heiß, dann mußt Du ihn auswringen und in ein Handtuch einwickeln und ein bißchen trocknen lassen. Dann rollst Du ihn wieder auf und läßt ihn liegen und ganz trocknen. Aufhängen würde ich ihn nach Möglichkeit nicht, da er sich sonst zieht und bis zu den Zehen reicht. Wir schicken ihn nächste Woche weg. Er ist Dein verfrühtes Weihnachtsgeschenk von mir. Hoffentlich hast Du Spaß dran und verschwitzt nicht. (3. Oktober 1954)

Die Gefangenen mußten ihre Wäsche selbst waschen, und so manches Kleidungsstück, das wir meinem Vater zu Weihnachten oder zum Geburtstag schickten, wurde als »zu vornehm« konfisziert und zurückgeschickt. Doch mein selbstgestrickter Wollpullover genügte offenbar dem Derbheitsanspruch der Kontrolleure. Als Farbe hatte ich grau gewählt. Der Dankesbrief meines Vaters, datiert vom 23. Oktober, hat sich ausnahmsweise erhalten:

Gestern wurde mir Dein Pullover gebracht. Er ist wunderbar. Ich hätte mir nicht vorgestellt, daß Du das so schön hinbringst. […] Natürlich habe ich das Ding gleich übergezogen. Es paßt, auch in der Länge, prima. Über die Brust ist es vielleicht etwas weit; aber das könnte ich ja ausstopfen! Ich hatte an dem Stück so viel Spaß, daß ich es gar nicht mehr ausziehen wollte, daher machte ich, weil mir sonst der Schweiß von der Stirn gelaufen wäre, das Fenster in meinem Raum weit auf, um die richtige Pullovertemperatur zu erreichen. Meine Zipfelmütze (der Schlauch) setze ich mir dazu auf den Kopf. Ich glaube, ich könnte nun zu einer Polarexpedition starten. Jedenfalls muß ich, wie behauptet wurde, danach aussehen. Auch viel jünger würde ich erscheinen – aber das brachte wohl mehr der Ausdruck der Freude über Deine schöne Arbeit zustande. Im Garten probierte ich dann das Kunstwerk im Freien aus. Es macht so warm, daß ich gar keinen Mantel brauche. »Wie ein Schwergewichtsboxer im Trainingscamp«, wobei das Schwergewicht leider keine Muskeln mehr sind – so ähnlich muß das aussehen, wenn ich mit Deinem Pullover Runden drehe. Ich freue mich schon darauf, wenn Albert zu Besuch kommt. Dann wird das gute Stück natürlich angezogen, obwohl geheizt ist und ich das Fenster nicht aufmachen kann. Aber auch, wenn mir die Wassertropfen von der Nase tropfen sollten, würde ich nicht darauf verzichten, so »angezogen« im Besuchszimmer zu erscheinen. Du siehst also aus dieser etwas verrückten Schilderung: Du hast mir eine wirklich große Freude gemacht; ein Stück, das mich immer an Dich erinnert, in meine kleine Welt gezaubert, wofür ich Dir recht herzlich danke.

Ich habe keine Ahnung, ob mein Vater den Pullover wirklich mit der Begeisterung getragen hat, die er im Brief kundtat. Aber ich erhielt bald einen neuen Auftrag:

Dieses Mal habe ich mehrere Wünsche an Dich, weil Du sie nämlich immer am besten erfüllst. Das kommt davon! Einmal hätte ich für meine Knie gern zwei »Pulswärmer«, Maße unten 36 cm, oben 39 cm Umfang, Länge 25 cm. Als Röhre gestrickt. Aber sie haben nur Zweck, wenn Sie aus Rheumawolle sind, die sich bei dem Katzenfell gut bewährt hat. Das »Katzenfell«, das Du mir gestrickt hast, hilft mir nämlich sehr.

Dann rechne bitte aus, wie viele Punkte nach meinem Punktsystem die einzelnen Zeugnisse haben. Ich habe die Zahlen nicht mehr zur Hand. Und außerdem, wenn Du die Längenmaße ermittelst, schreibe mir dazu, wieviel jeder seit einem Jahr zugenommen hat, damit ich den »Preis« feierlich zuteilen kann. Die alten Maße fehlen mir nämlich auch. Das Punktsystem und die Maße findest Du sicher irgendwo in meinen Briefen.

In diesem Brief wird ein weiteres Dauerthema angesprochen: unsere Maße. Die Vorliebe meines Vaters für Zahlen und Statistiken war seit seiner Schulzeit bekannt. So wie er bei den Wanderungen in den zwanziger Jahren die zurückgelegten Kilometer samt Gefälle und Steigungen in Zahlen festgehalten hatte, so versuchte er auch uns Kindern in seiner Vorstellung durch Noten und Körpergrößen näher zu kommen:

Seit langem markiere ich an meiner Tür die Größe meiner Kinder. Die Skala macht mir grausam deutlich, wie sie mir buchstäblich entwachsen. Im heutigen offiziellen Brief lese ich, daß Ernst im letzten Jahr zwölf Zentimeter größer geworden ist und nun 1,35 Meter mißt. Albert ist 1,77 Meter, Hilde 1,69 Meter, Fritz 1,74 Meter, Margret 1,63 Meter und Arnold 1,64 Meter groß. (»Spandauer Tagebücher«, Seite 345)

Da uns mein Vater im Schnitt ab 1954 nur einmal im Jahr sah, klammerte er sich, so vermute ich, an diese Zahlen und versuchte, mit unserem Heranwachsen Schritt zu halten. Irgendwann muß er dabei jedoch durcheinander gekommen sein, denn einmal verlangte er die Vergleichszahlen, und einmal forderte er mich sogar auf, einen Geburtstagskalender zu schicken, damit er wußte, wer wann Geburtstag hatte. Obwohl ich wöchentlich zwei Fotos beilegte, hatte er öfter Schwierigkeiten, uns auseinanderzuhalten. Das ist verständlich, wenn man weiß, daß er immer nur zehn Fotos auf einmal in der Zelle behalten durfte. Und deshalb erklärte ich ihm manchmal in den Briefen, wer auf den Fotos zu sehen war. Wenn wir ihn im Gefängnis besuchten, wußte er ja, welche Kinder kommen würden. Da konnte er dann eine Verwechslung seinerseits ausschließen.

Mein Vater korrespondierte mit Freunden und früheren Kollegen und versuchte vom Gefängnis aus, über die offiziellen wie über die »blauen Briefe«, Einfluß zu nehmen: auf meine Mutter, auf den Unterstützerkreis – und auf uns.

In seinen Briefen ermahnte er mich hin und wieder in einem fürsorglich-respektvollen Ton, daß ich mich zuviel herumtreibe und zuwenig für die Schule arbeite. Trotzdem hat er nicht versucht, mich durch Drohungen zu beeinflussen. Er gab vor allem Ratschläge, so wenn es darum ging, welchen Beruf ich wählen sollte. Der Beruf der Fotografin, den ich später ergriffen habe, entsprach allerdings nicht seinen Vorstellungen, wie er einmal anmerkte, weil er zweifelte, ob man davon leben könne. In Herzensangelegenheiten weihte ich ihn nicht ein, aber welche Tochter macht das schon? Ich versuchte, ihn in Entscheidungen einzubeziehen, oder informierte ihn doch wenigstens von längst

Im Garten beim Federballspiel: Albert, Margret, Arnold, Fritz, Margarete, Hilde und Ernst Speer, Heidelberg 1954

gefällten, so als ich mich nicht bloß für ein Stipendium in Frankreich beworben hatte, sondern bereits dorthin abgefahren war. Er war in dieser Hinsicht ein ohnmächtiger Vater, der sich dessen vermutlich bewußt war und erst gar nicht versuchte, diese Schwäche durch autoritäres Gehabe zu überspielen. Das wäre wohl auch bei uns nicht gut angekommen. Statt dessen fielen seine Antwortbriefe immer freundlich, wenngleich etwas bemüht aus. Trotzdem gelang es ihm nach meinem heutigen Eindruck über die Jahre hinweg relativ wirkungsvoll, seine Kontrollmacht innerhalb der Familie dank seiner brieflichen Anweisungen, seiner humorvollen Auslassungen und nicht zuletzt dank meiner Mutter aufrechtzuerhalten, vielleicht stärker, als es uns damals bewußt wurde.

Sein auf den ersten Blick zurückhaltendes Verhalten hat meine Bewunderung für meinen Vater befördert. Wenn ich die Briefe heute durchlese, bin ich erstaunt, wie unbeschwert ich mich an ihn wende. Nach einem Besuch bei ihm in Spandau machte er mir seinerseits in einem inoffiziellen Brief am 31. August 1955 Komplimente:

Du warst gestern ganz prima, und Du hast mir ausnehmend gut gefallen. Du hast Dich aber auch im letzten Jahr schön herausgemacht. Jetzt bist Du schon eine richtige junge Dame, mit der ich als Vater gern ausgehen möchte.

Der Franzose am Tor hat mir von Dir erzählt. Er war von Deiner Natürlichkeit sehr angetan und lobte Deine Ruhe. Bei mir warst Du die erste halbe Stunde doch etwas aufgeregt, was Du aber nur durch Dein nervöses Spiel mit dem Bleistift gezeigt hast. Aber die zweite »Halbzeit« warst Du ruhig. Eigentlich ging die zweite halbe Stunde sehr schnell vorüber. Ich war platt, als sie zu Ende war. Der Franzose erzählte mir von Deinem flüssigen Französisch, wie er meinte, ohne jeden Akzent. Da komme ich mit meinem Gestammel sicher nicht mehr mit.

Deine Idee, später ein Jahr in Frankreich die Sprache perfekt zu lernen, ist gut. Wir müssen sehen, daß uns bis dahin noch etwas Besseres einfällt als arbeiten in einem Haushalt. Irgend etwas, das mit Deinem zukünftigen Beruf zusammenhängt. Hoffentlich habe ich Dir einigermaßen »gefallen«. Schönen Dank für die lieben zweimal eine halbe Stunde.

Die Briefe meines Vaters an uns, die ich in seinem Haus im Allgäu fand, sind nicht im Original, sondern nur in einer Maschinenabschrift erhalten, die weder Anrede noch Schlußgruß besitzt. Ich antwortete jedenfalls ganz keß:

Lieber Papa! Vielen Dank für Deinen Brief. Du scheinst ja wirklich eine ziemlich gute Meinung von mir zu haben, vielleicht schriebst Du es auch nur so. Du hast mir auch wirklich sehr gut gefallen. (10. September 1955)

Ich verhielt mich meinem Vater gegenüber – passend zu meinem Alter – mädchenhaft kokett. Einerseits machte ich mich immer ein bißchen schlechter als ich war, was meine schulischen Leistungen anging. Andererseits wollte ich ihm gefallen; schließlich hatte ich Konkurrenz durch meine Geschwister, vor allem durch meine Schwester Hilde, die mir soviel weltgewandter und eloquenter erschien. Eitel wie ich war, wies ich ihn sogar auf einen neuen Haarschnitt hin:

Übrigens hatte ich mir meine Haare erst am letzten Tag, bevor ich nach Berlin fuhr, schneiden lassen. Ich habe in der Eile vergessen, Dich darauf aufmerksam zu machen. (3. Juni 1959)

Meine widerspenstigen Haare waren für mich immer ein Problem, dem ich durch immer neue Frisuren zu begegnen versuchte. Mein Vater wußte das und nahm öfter Bezug darauf. Noch im März 1965 fragte er in einem Brief nach:

Gefiel Dir der Besuch? Mir schon sehr! So lebhaft hatten wir es noch nie. Aber wahrscheinlich in der Lebhaftigkeit nur ein kleiner Ausblick auf spätere temperamentvolle Gespräche. Ich war so bei der Sache, daß ich noch nicht einmal achtgab, wie Deine Frisur aussah. Im Unterbewußtsein scheint sie aber meine Billigung gefunden zu haben, sonst wäre sie mir bei meiner Neigung zur Kritik aufgefallen. Du sahst ausnehmend gut aus; ich freute mich sehr darüber.

In einem offiziellen Brief vom 4. September 1955 heißt es nach meinem Gefängnisbesuch:

Dein Besuch ging doch wirklich sehr schön. Ich war überrascht, wie Du Dich herausgemacht hast. […] Nachmittags fand ich es besonders schön, weil wir beide die Spannung, nach einem Jahr Trennung, verloren hatten. Ein Zeichen dafür, wie schnell wir uns wieder zusammenfinden werden, wenn ich wieder zu Hause bin. Vielleicht entdecke ich dann bei Dir auch negative Seiten, die bestimmt, wie bei jedem von uns, reichlich vorhanden sind. Solch ein Besuch vermittelt natürlich nur das Gute, und, wie Hilde einmal vorbeugend für alle Fälle sagte, würde ich mir über Euch zu viele Illusionen machen. Das macht gar nichts, weil ich vor der Desillusionierung wirklich keine Sorge habe! Bei Dir scheint mir eine schlechte Seite zu sein, daß Du ab und zu eine Wut bekommst – und dazu noch wegen Zwetschgenknödel! – und das dann nicht herunterschlucken kannst wie einen Zwetschgenknödel! Das sollest Du lernen und in Zukunft jeden Anlaß zum Ärger als Gelegenheit willkommen heißen, das Herunterschlucken zu lernen. Ein etwas billiger Rat, findest Du nicht auch?

Ein billiger Rat vielleicht, wenn auch kein ganz ungerechtfertigter. Auch in anderer Beziehung war er kein schlechtes Bild, der Zwetschgenknödel. Denn wie ein Kloß saß mir jeder Besuch in Berlin im Hals, wenngleich er einen süßen Kern hatte und die Freude groß war, meinem Vater gegenüberzustehen. Während es uns beiden Mädchen leichter fiel, mit dieser Situation umzugehen und eine etwas einseitige Konversation aufrechtzuerhalten, muß sich der Kontakt mit meinen Brüdern schwieriger gestaltet haben. Ihnen fiel es offenbar viel schwerer, die Kluft zum Vater zu überbrücken, besonders Ernst, der erst im Krieg geboren wurde und meinen Vater daher so gut wie gar nicht kannte. In den »Spandauer Tagebüchern« bin ich später mehrfach auf Stellen gestoßen, in denen von beklemmendem Schweigen, Anspannung, Lähmung bei diesen Begegnungen die Rede ist. Nach einem Besuch eines meiner Brüder notierte mein Vater:

Ich bemerkte, noch während wir uns gegenüber saßen und nach Gesprächsthemen suchten, daß keines meiner Worte ihn erreichte. Ich habe vermutlich auch sehr ungeschickt gefragt, blasse Allerweltsfragen, auf die es kaum Antworten gibt. Der stockende Verlauf, die sichtliche Befangenheit des Jungen lähmten mich immer mehr. […] Und während die Gesprächspausen immer größer und quälender wurden, dämmerte mir, daß die Hoffnung des Vaters getrogen hatte, mit den Jahren werde die Verständigung mit den Kindern leichter werden. In Wirklichkeit entgleiten sie mir. (»Spandauer Tagebücher«, Seite 426)

In meinen Briefen behielt ich den unbekümmerten Ton meinem Vater gegenüber bis zum Schluß bei. Ich sprach relativ ehrlich von Studienproblemen, kleinen Depressionen und meinen gelegentlichen Minderwertigkeitskomplexen, die mich vor allem in meinen ersten Studienjahren begleiteten. Nach dem Abitur ging ich für ein Jahr nach Salt Lake City in die USA, zu der Familie einer amerikanischen Kunststudentin, die ich in Deutschland kennengelernt hatte. Anschließend begann ich in Heidelberg Anglistik zu studieren und setzte mein Studium anschließend in München fort, wo ich Alte Geschichte und Klassische Archäologie als weitere Fächer hinzunahm.

Lieber Papa! […] Ich hoffe, Du siehst es nicht als faule Ausrede an, wenn ich Dir schreibe, daß es mir wirklich in der letzten Zeit (nicht mehr diese Woche) sehr schlecht ging; natürlich nicht gesundheitlich, aber eben so im großen Ganzen, von wegen meinem Studium und anderen Komplexen, die mir mal wieder vollkommen über den Kopf wuchsen, so daß ich eben am Ende beinahe gar nichts mehr tat und nur lustlos in der Gegend rumwandelte. […] Das ging dann solang, bis ich letzten Sonntag von einem Bekannten eine kurze, aber wirksame moralische Tracht Prügel bekam. Seitdem geht alles auf Hochtouren, es sieht alles gar nicht mehr so schwarz aus und ich bin wieder mein eigenes Ich, nicht so ein zerdrücktes, melancholisches Wesen. […] Ich weiß, daß Komplexe eine Überbewertung des eigenen Ich sind, und ich versuche auch immer davon loszukommen, mich nur mit mir zu beschäftigen, und lieber auf andere Leute zu schauen; aber für mich ist die Frage, ob ich einem Studium gewachsen bin, eben doch im Moment das Wichtigste. (5. Dezember 1958)

Woher ich diese Weisheit wohl hatte? Richtig aufzubegehren, habe ich nicht gewagt. Ähnlich wie meine Mutter habe ich die Dinge genommen, wie sie waren. Hinterfragt habe ich weder meine Familiengeschichte noch meine Umgehensweise damit. Wie sollte ich auch? Niemand hatte mir etwas anderes vorgelebt. Ich kam gar nicht auf die Idee, das, was ich meine Komplexe nannte, mit meinen familiären Schuldgefühlen in einen Zusammenhang zu bringen. Psychologie war in den fünfziger Jahren noch kein Thema.

Während meines Münchener Studienjahres hatte ich immer wieder mit kleineren Depressionszuständen zu kämpfen und war mit meiner Fächerwahl nicht richtig glücklich. Schließlich sattelte ich 1960 ganz auf Klassische Archäologie, Ur- und Frühgeschichte und Vorderasiatische Sprachen um und studierte wieder in Heidelberg. Mein Studium absolvierte ich schnell und erfolgreich, auch wenn ich meine Doktorarbeit nie fertigstellen sollte.

Der »Bekannte«, von dem ich meinem Vater im zuletzt zitierten Brief ganz nebenbei berichtete, war ein alter Bekannter. Hans Nissen, drei Jahre älter als ich, hatte mir als Primanerin Nachhilfeunterricht in Latein gegeben. Seit 1957 tauchte er in den Briefen an meinen Vater als »Bekannter« auf, ohne daß ich meinem Vater unser Verhältnis offengelegt hätte. Wahrscheinlich hatte aber jemand etwas angedeutet, denn schon am 5. Januar 1959 machte ich meinem Vater verhaltene Angaben zur Person meines Freundes:

Ich bin gerne bereit, Dir ein wenig Auskunft über jenen Hans zu geben, den anscheinend jemand in einem Brief erwähnt hat.

Margret Speer und Hans Nissen im Orientalischen Institut, Heidelberg 1961

Hans ist ganz und gar keine neue Errungenschaft. Ich kenne ihn sozusagen schon ewig, das heißt, seitdem ich in der Oberprima war. Er gab mir damals Lateinstunden, und dann verloren wir uns so ziemlich aus den Augen. Er studierte in Wien, ging dann nach Israel, während ich nach Amerika ging. Nun tauchte er jedoch wieder auf. Am Anfang gab ich mich nur mit ihm ab, weil ich sonst niemand hier kannte, allmählich hat es sich aber dann doch zu einer Art Freundschaft entwickelt.

Unsere Verlobung teilte ich meinem Vater dann am 31. Oktober 1960 brieflich mit:

Lieber Papa! Falle nicht vom Stuhl, wenn ich Dir zu Alberts Neuigkeit noch eine Überraschung bereite. Am Samstag hatten wir (Hans und ich) Familie Nissen veranlaßt, doch Mama einmal einzuladen, dazu zwei unserer Freunde. Abends beim

Margret Speer auf Reisen, 1961

Wein hob dann Hans sein Glas und gab bekannt, daß wir uns verlobt haben. Es ist so schade, daß Du das nicht alles miterleben konntest, sie machten alle ein furchtbar dummes Gesicht und sagten lange Zeit gar nichts. Nachdem sie etwas Luft geschöpft hatten, rückten wir mit der zweiten Überraschung heraus, nämlich daß wir uns ein Auto zur Verlobung geschenkt hatten. Es gehört Hans! Es war alles wunderbar gelungen, und zur Feier des Tages fuhren wir nach Rainbach, um bei Himbeergeist und Rotwein alles noch einmal durchzureden. Es war sehr lustig, weil niemand etwas geahnt hatte.

[…] Dieses Auto wurde bald weit wichtiger als unsere Verlobung, die vollkommen ohne Ringe und Geschenke gefeiert wurde. Arnold und Ernst versuchen jedoch, uns zu überreden, Mitte November doch noch ein großes Fest mit Martinsgans zu veranstalten. Albert würde vielleicht auch kommen.

Schade, daß Du nie mitfeiern kannst, aber zur Hochzeit bist Du ja auf jeden Fall da, denn diese läßt bei so orientalistischen Doktoranden lange auf sich warten.

Herzliche Grüße von Deinem ersten angehenden Schwiegersohn, der ja leider nicht schreiben darf,

Deine Margret

Die Hoffnung auf seine vorzeitige Entlassung aus der Haft trog, unsere Hochzeit fand am 14. April 1962 ohne meinen Vater statt.

Lieber Papa!
Unser Hochzeitsbrief von Dir kam heute. Wir haben ihn noch nicht aufgemacht, erst wenn wir ein wenig mehr Ruhe haben. […] Wenigstens wird das Hochzeitskleid langsam fertig und sehr schön. Der Schleier ist etwas komisch, die Verkäuferin meinte auch, ich sei nicht ganz der richtige Typ. Ich glaube, Hans wird sehr lachen, wenn er mich sieht. Um mich schon

vorher zu rächen, habe ich Hans eine graue Weste zu seinem Anzug gekauft. Jetzt sieht er beinahe wie ein richtiger Bräutigam aus.

Arnold braucht meinen Füller, ich muß aufhören.

Herzliche Grüße Deine Margret

Hochzeit von Margret und Hans Nissen, Heidelberg 1962

Mein Vater notierte irrtümlich unter dem 20. April 1962: »Margret, unsere zweite Tochter, hat heute einen jungen Orientalisten geheiratet. Ich höre die Krönungsmesse von Mozart und darauf das Tedeum von Bruckner.« (»Spandauer Tagebücher«, Seite 556)

Wie Kinder sehen wir auf dem Foto aus. Ich sah immer jünger aus, als ich war, zudem trug ich die Haare zu jener Zeit ganz kurz. Als wir das Aufgebot bestellen wollten, kam der Pfarrer zu uns nach Hause, und als ich ihm die Tür öffnete, fragte er: »Was bist denn du für ein Bub?« Worauf ich antworten mußte: »Ich bin doch die Braut!« Wahrscheinlich hatte ich mal wieder Hosen an. Beim Polterabend trug ich dann aber ein Spitzenkleid, schwarz natürlich. Und für die Trauung wurden meine Haare stundenlang frisiert, damit sie nicht so struppig aussahen. Wie man sieht, standen die Haare trotz aller gemeinschaftlichen Bemühungen ab. Meine Geschwister hatten unseren kleinen Citroën, den »Deux Chevaux«, geschmückt. Damit fuhren wir zur Kirche. Es wurde ein ausgelassenes Fest, mit Essen in der Stiftsmühle und anschließendem Tanz bei uns zu Hause. Ich freute mich vor allem über eines ganz besonders, nämlich meinen Mädchennamen endlich los zu sein. Niemand würde mich mehr fragen: Sind Sie die Tochter Speer?

Mein Vater wurde durch uns vor vollendete Tatsachen gestellt. Hans lernte er erst nach unserer Hochzeit kennen. Auf der Hochzeitsreise fuhren wir nämlich nach Berlin, wo wir uns eine Woche lang im neu erbauten »Hotel Berlin« einquartierten – für uns damals der Inbegriff von Luxus. In dieser Zeit besuchten wir ihn beide – wenn auch getrennt – im Gefängnis. Mein Vater spendierte uns und meinen damals in Berlin lebenden Geschwistern ein Essen im Hotel.

Die Nachricht von der Geburt seiner ersten Enkeltochter erhielt er per Telegramm ins Gefängnis. In meinem Brief hieß es damals:

Hans und Margret Nissen mit Tochter Anne, Heidelberg 1963

Lieber Papa, darf ich Dich herzlich zu Deinem neuen Titel beglückwünschen. Ist es nicht ein komisches Gefühl, wenn man Großvater ist? Schade, daß Du Deine Enkelin nicht sehen kannst. Sie ist eine richtige Schönheit, vom ersten Tag an ohne Runzeln und Verformungen. Sogar mein Schwiegervater war von ihr begeistert, obwohl er Babys gar nicht mag und seine eigenen Kinder nicht angeschaut hat. […]

Eine seltsam anmutende Situation: Albert Speer war das Oberhaupt der Familie geblieben, um das ständig viele unserer Handlungen kreisten. Insofern war es ihm auch in der Haft gelungen, im Mittelpunkt zu bleiben und seine Rolle zumindest als »Schattenvater« zu behaupten. Aber wirklich eingreifen, bestimmen, handeln konnte er nicht, auch wenn er es immer wieder über seine Briefe versucht hat. Auch mir war klar, daß mein Bild von meinem Vater zu großen Teilen fiktiv bleiben mußte. Mit meinem realen Vater war es nur sehr bedingt zur Deckung zu bringen. Einmal schrieb ich ihm:

Daß Du zu Hause anders sein wirst als bei den Besuchen, ist keine Frage, nur wage ich mir selbst kein rechtes Bild zu machen, vielleicht manchmal strenger als bisher, vielleicht auch wieder weicher. Auf jeden Fall werden wir Dich ganz und gar als Oberhaupt der Familie anerkennen und auf jede Laune Rücksicht nehmen!!

Dieser Brief ist am 18. Oktober 1965 in Bagdad entstanden, weit weg von zu Hause, weit weg von allem, was sich für mich mit dem Namen Speer verband. Unsere junge Familie, ich war mittlerweile Mutter von zwei kleinen Töchtern geworden, hatte es nach Bagdad verschlagen, wo mein Mann eine Stelle am Deutschen Archäologischen Institut erhalten hatte. Vielleicht konnte ich gerade aus der Distanz zu einem sehr persönlichen und ehrlichen Brief an ihn ausholen, der in unserem gesamten Briefwechsel keine weitere Entsprechung gefunden hat. Nüchtern betrachtet, ist dieser Brief nichts anderes als eine Liebeserklärung an meinen Vater, an jemanden, dessen Liebe ich selbst nie sicher sein konnte und der für mich Zeit seines Lebens faktisch kaum erreichbar blieb. Weiter schrieb ich:

Vor fremden Besuchen und Einladungen habe ich immer etwas Bammel. Aber das scheinen alles Familienkrankheiten zu sein, wie auch die vielen Tränen in der Familie. Von Dir kommt das also! Da gehörst Du ja nachträglich noch geprügelt, daß Du solche Anlagen weitervererbt hast. Mir hat diese Veranlagung Hans schon sehr früh und brutal ausgetrieben, ich heule jedoch immer noch in jedem Film, bei Romanen und bei anderen sentimentalen Gelegenheiten – allerdings muß ich gestehen, doch recht selten, aber bei Deinem Brief hat es mich doch auch etwas gepackt. Auch wäre es nicht anders bei mir gewesen, hättest Du je etwas bei einem Besuch gesagt über Liebe und Gefühle. Das wäre eine schöne Heulerei geworden. Aber nachher hatte ich auch immer ein ungutes Gefühl, weil ich nur geschwätzt hatte, ohne irgendwie persönlich zu werden; aber das war einfach nicht möglich. Ganz manchmal ließest Du wohl durchblicken, wie gern Du uns hast und was wir Dir bedeuten. Du darfst Dir deswegen keine Vorwürfe machen, Du habest etwas versäumt. Für mich bist Du immer der ideale Vater gewesen – vor allem mit Humor, manchmal etwas streng, manchmal sehr nachgiebig, und mit Gefühlen, die man jedoch nur ahnen konnte (was mir persönlich viel mehr liegt als viele Worte, die ich selber auch nie machen würde – weshalb ich oft als gefühllos bezeichnet werde, Großmutter nannte es immer eine rauhe Schale mit einem weichen Kern). Am liebsten mag ich immer Dein Lächeln, halb scheu, halb liebevoll, vielleicht kam es immer dann, wenn Dein Wasserstand ziemlich hoch war und Du gerne etwas gesagt hättest; aber damit hätte ich es von alleine nie in Zusammenhang gebracht. Aber Du brauchtest gar nichts zu sagen, den Umständen entsprechend bedeutete so ein Lächeln viel mehr.

In seinen Gefängnistagebüchern hatte mein Vater am 12. Oktober 1957 einmal seine emotionale Situation bei unseren Besuchen und beim Schreiben seiner Briefe beschrieben: »Sie [gemeint sind wir, die Familie, M.N.] können sich gar nicht vorstellen, wieviel Anstrengung jeder Besuch, jeder Brief mich kostet, sie nicht zu deprimieren« (»Spandauer Tagebücher«, Seite 470). Eine Ahnung davon hatte ich schon. Zu soviel Nähe, wie sie sich in dem Brief aus Bagdad ausdrückt, ist es nie wieder gekommen. Was ich in dem Brief formulierte, habe ich nie wieder so sagen können. Als mein Vater ein knappes Jahr später, am 30. September 1966, auf den Tag genau 20 Jahre nach seiner Verurteilung in Nürnberg, aus der Haft entlassen wurde, begegnete mir, trotz der vielen in den Jahren zuvor gewechselten Briefe, ein seltsam unvertrauter Mann.

Zwischenstation Bagdad

Anfang der sechziger Jahre war alles Schlag auf Schlag gegangen. 1962 hatten wir geheiratet, 1963 kam unsere Tochter Anne auf die Welt, ein Jahr später folgte Berta. Wir hatten das Dachgeschoß in meinem Heidelberger Elternhaus ausgebaut und wohnten dort recht beengt. Hans schloß im November 1963 seine Promotion ab; ich tippte bis vier Tage vor der Geburt des ersten Kindes seine Dissertation. Mir hatte mein Professor für klassische Archäologie eine Doktorarbeit über »Vorratsgefäße (Pithoi) vom Vorderen Orient bis Griechenland, in der Vorgeschichte bis zur mykenischen Zeit« angeboten, später wechselte ich das Thema und forschte über »Die Köcherbeschläge der Skythen« – auch diese Doktorarbeit sollte ich nie fertig bekommen. Die Zeiten waren vorbei, als wir mehr im Orientalischen Institut zu Hause waren als am Schloß-Wolfsbrunnenweg. Wir waren jetzt eine kleine Familie, und so beschlossen wir, das Garagenhaus auf dem Grundstück auszubauen. Dies sollte in den nächsten unruhigen Jahren unser Zuhause sein.

Schon 1963 war zum ersten Mal von einer Stelle für Hans in Bagdad die Rede gewesen, doch zogen sich die Verhandlungen in die Länge. Als der Wechsel dann beschlossene Sache war, mußte Hans' Abreise im Januar 1964 abgesagt werden, weil ihm wegen seines früheren Israel-Aufenthaltes die Einreise verweigert wurde. Erst im August 1964 erhielt er dann doch die Arbeitserlaubnis für den Irak und flog Ende des Jahres nach Bagdad. Dort besuchte ich ihn mehrere Wochen ohne die Kinder im Frühjahr 1965, um den endgültigen Umzug unserer Familie, der für den Spätsommer geplant war, vorzubereiten.

Meinem Vater schrieb ich weiter regelmäßig. In einem Brief vom 6. Mai 1965 schilderte ich ihm unverblümt meinen ersten Eindruck von Bagdad:

Bagdad ist eine furchtbar häßliche Stadt, alles sieht gleich aus, und es dauert lange bis man sich zurecht findet. Trotzdem kann man hier gut leben und ich freue mich schon sehr auf den Herbst. Man bekommt wirklich alles zu kaufen, vor allem an Lebensmitteln und natürlich Teppiche. Jetzt haben wir uns jedoch erst einmal ein Kaufverbot auferlegt, bis unser Konto in Heidelberg sich etwas erholt hat.

Bagdad ist in meinen Augen keine schöne Stadt und war es auch in den sechziger Jahren nicht: flach gelegen, groß, staubig und heiß. Von den märchenhaften Beschreibungen der Schriftsteller aus dem Mittelalter ist nach dem Sturm der Mongolen nichts übriggeblieben. Bagdad besitzt keinen alten Stadtkern, nur die Reste einiger alter Gebäude stehen noch. Als wir im Herbst 1965 ganz dorthin zogen, waren erst einige Jahre seit dem Sturz der Monarchie vergangen. Mehrfach gab es Versuche, das gerade herrschende Regime zu stürzen, die uns direkt betrafen, weil unser Haus östlich des Präsidentenpalastes lag und damit in der Abflugrichtung von Kampfflugzeugen, die aus dem Westen heranflogen und den Palast angriffen. Vom Flachdach unseres Hauses betrachteten wir das Spektakel am Himmel. Unser Hausangestellter fuchtelte jedesmal aufgeregt mit den Händen und rief »Revolution, Revolution!« – doch die fiel aus. Wirklich bedrohlich wirkten diese Situationen nicht, auf den Straßen blieb es ruhig, und die Umsturzversuche schlugen sämtlich fehl.

Im September 1965 waren wir, Hans, ich und die beiden kleinen Kinder, mit unserem randvoll gepackten Renault 4 Richtung Genua aufgebrochen, wo wir uns via Piräus und

Alexandria Richtung Beirut eingeschifft hatten und von dort über Byblos, Baalbeck, Damaskus und Jerash mit dem Auto nach Bagdad gelangt waren. Eine lange Reise in eine fremde Welt, die mich nicht nur geographisch von meiner Herkunft immer weiter entfernte. Um so ausführlicher fielen meine Briefe nach Deutschland und ins Gefängnis aus, in denen ich meine ersten Eindrücke zu sortieren und die Distanz zu überbrücken versuchte.

Freitag, den 8. Okt. 1965

Lieber Papa,
nun sind wir schon über zwei Wochen von zu Hause weg und hätten Dir eigentlich schon lange schreiben sollen, aber es fehlte wirklich die rechte Muße. Auch meinte Hans, es wäre vielleicht besser, Du würdest einen Brief mit dem endgültigen Ergebnis – nämlich unserer Ankunft hier – bekommen.

Gestern fing Hans' Dienst wieder an, und vorgestern kamen wir etwa um drei Uhr nachmittags hier an. Das Haus ist noch viel schöner als hier auf dem Bild und auch ohne Möbel sehr wohnlich. Der Garten steht in voller Blüte, und die kleinen Bäume geben genug Schatten. Die Kinder saßen schon in der Badewanne im Freien, denn es ist gar nicht mehr sehr heiß hier, d.h. eher das Gegenteil, auf jeden Fall für diese Jahreszeit. […] Den Kindern geht es ausgezeichnet. Sie fühlen sich sehr wohl hier, Berta läuft mit ihrem wackligen Seemannsgang tapfer in allen Zimmern herum, Anne hat noch etwas vor dem Diener Angst. […]

Aus dem Haus komme ich ja leider vorerst gar nicht, denn Hans ist von 9–1 und von 3–6 im Institut mit dem Auto. Dazu kommen dann noch 20 Minuten bis 1/2 Stunde Fahrzeit jeweils. Wie wir uns das am besten einrichten wollen, ist uns noch nicht klar. Die Möbel sind gestern in Bagdad angekommen, aber es dauert nun noch eine Weile, bis man sie aus dem Zoll bekommt. Dann regelt sich alles auch besser. Ende des Monats will der Diener seine Frau mit zwei kleinen Kindern nachkommen lassen. Ich hoffe sehr, daß meine beiden sich dann etwas dort anschließen werden und ich sie nicht ewig hüten muß. In den Garten kann man sie kaum alleine lassen, da ein großer Absatz vor der Veranda zum Garten ewig zum Runterfallen einlädt. Ich schreibe bald wieder.

Herzliche Grüße Deine Margret

Das Haus, das wir für die Familie mieteten, war modern und hatte einen Garten. Es lag in einer Villengegend, die jedoch keine reine Ausländerenklave war. Ausländer waren damals in Bagdad geduldet, aber nicht besonders beliebt. Privater Kontakt mit den irakischen Kollegen war nicht erwünscht. So beschränkte sich unser Umgang auf die ausländische Kolonie, auf Empfänge, offizielle Einladungen und Essen bei den Botschaften und in den Kulturinstituten. Seitdem Deutschland Israel anerkannt hatte, gab es in Bagdad keinen deutschen Botschafter mehr, und die deutschen Interessen wurden von Frankreich wahrgenommen. Da das Deutsche Archäologische Institut dem Auswärtigen Amt zugeordnet war, mußten die Angehörigen des Instituts – also auch Hans und ich – offizielle Verpflichtungen übernehmen. Plötzlich war ich gezwungen, Konversation zu machen und mich mit fremden Menschen über Belanglosigkeiten zu unterhalten, etwas, was mir schon immer schwergefallen war.

Für mich war es nach den Auslandsaufenthalten der Schulzeit das erste Mal, daß ich aus dem vertrauten Kreis der Freunde und der Familie heraustrat. In Bagdad lernte ich, auf unbekannte Menschen zuzugehen, sie anzusprechen. Ich lernte, daß man fragen muß, wenn man etwas in Erfahrung bringen will. In der eigenen Familie ist das sicher viel schwieriger als bei Fremden; und ist Fragen noch dazu mit einem so belasteten und belastenden Thema verbunden wie bei uns, gerät es zum schwierigsten Unterfangen überhaupt. Ich war froh über diese neue Erfahrung, die mir neue Freiheiten und Einsichten und auch einen spürbaren Zugewinn an Selbstsicherheit bescherte. Ich würde von nun an überall zurechtkommen. In Bagdads Ausländerkolonie war ich viel jünger als alle anderen, weshalb ich den Kontakt mit Gleichaltrigen und Gleichgesinnten, wie ich ihn in Heidelberg gehabt hatte, vermißte. Wir führten weiterhin einen Studentenhaushalt, für vornehme Einladungen wie bei den anderen Damen fehlten die Einrichtung, Geschirr, Besteck und eine richtige Küche. Trotzdem erwarb ich mir einen Ruf als gute Köchin, und vor allem der für Deutschland zuständige französische Geschäftsträger und seine Frau kamen gern zu uns.

Sonntag, 14. Nov. 65

Lieber Papa,
Da wir von zu Hause schon lange nichts mehr gehört haben, nehmen wir etwas an, daß Briefe verloren gegangen sind. Hoffentlich jedoch nicht der letzte Brief an Dich vor 14 Tagen etwa, denn dann müßtest Du ja annehmen, wir hätten Dich ganz vergessen. Also kein Grund zur Aufregung, wenn mal keine Post kommt, wir schreiben an Dich alle zwei Wochen, wenn nichts ankommt, liegt das an widrigen äußeren Umständen.

Was soll man viel von hier erzählen? Mein Leben verläuft wie in Heidelberg auch, sogar noch gleichmäßiger. Ich bin den ganzen Tag zu Hause und kümmere mich mehr oder weniger intensiv um die Kinder, versuche etwas Arabisch zu lernen, übe gelegentlich Klarinette, halte einen Mittagsschlaf, wasche die Wäsche und koche. Abends sind wir manchmal eingeladen, oder haben selbst Besuch zum Abendessen. Da muß man sich dann furchtbar anstrengen, etwas Gutes auf den Tisch zu bekommen mit Vorspeise, Hauptgang und Nachspeise. Das ist hier so üblich, und ich kann meinen Studentenkochstil leider nur zum Mittagessen und für uns alleine beibehalten. Letzten Endes gibt es dann doch immer dasselbe, obwohl ich lange vorher Kochbücher lese. Aber man hat einfach an Fleisch so wenig Auswahl, so daß es immer Lendenbraten gibt. Fleisch ist sehr billig. Heute gibt es für uns Lammkeule, und wenn das was wird, kann ich es ja auch einem Besuch vorsetzen. Am Mittwoch sind wir 8 Personen, und ich habe einen ziemlichen Bammel, da ich nur auf zwei Gasflammen koche. Am Donnerstag sind wir nur 5 Personen, das geht sehr gut.

Der Briefkontakt nach Deutschland gestaltete sich schwierig und langwierig. Die Zustellung der Briefe konnte Wochen dauern, oder sie gingen ganz verloren, die Antwortbriefe überschnitten sich häufig. Manchmal gab es die Gelegenheit, einem reisenden Kollegen oder Verwandten Post mitzugeben. In den Briefen sind mir heute viele Impressionen von meinem Leben in Bagdad erhalten.

Heute ist Plattenkonzert bei einem Iraqi (jeden Sonntag). Ich will zum ersten Mal mit, und der Diener soll die Kinder hüten (von 5–7 Uhr), am Montag ist Damenkaffee, aber nicht bei mir, und am Dienstag abend Kammermusik beim British Council (so etwa englisches Goethe Institut). Hans will sich dort mit seinem Cello beteiligen, ich sollte meine Klarinette auch mitbringen, es klingt jedoch zu scheußlich. Mit Hans habe ich neulich einmal zusammengespielt. Daß sich musikalisch etwas tut, finde ich sehr schön; in unserer Nachbarschaft wohnt jemand von der Botschaft, der auch Klarinette spielt und schon sehnlichst darauf wartet, daß ich genug geübt habe. Zum Studium reicht es jedoch hinten und vorne nicht. Durch die großen Temperaturunterschiede zwischen Tag und Nacht ist man ewig ein wenig erkältet und sehr viel müde. Nach dem Abendessen kann man gerade noch etwas lesen, dann gehen wir ins Bett. Ich komme zu nichts, ein Tag vergeht wie der andere ohne einen sichtbaren Erfolg, noch nicht mal beim Arabischen oder mit der Klarinette. Jetzt versuche ich wenigstens die Grabungsberichte über die Orte zu lesen, die wir sonntags anschauen. Sonst hat man nichts davon und lernt nur wenig dazu.

Den Kindern geht es wieder gut. Sie waren etwas erkältet, ich auch.

Herzliche Grüße Deine Margret

So aufregend es klingt, in Bagdad gelebt zu haben, und so spannend es vielfach war – die drei Jahre des Irak-Aufenthaltes, mit längeren Unterbrechungen meinerseits, nehmen sich in meiner Erinnerung eher eintönig aus. Das lag in erster Linie daran, daß ich durch die Kinder meist ans Haus gebunden war und Hans sich mehrere Monate im Jahr auf der Grabung seines Instituts in Uruk-Warka, etwa dreihundert Kilometer von Bagdad entfernt, befand. Auch Reisen war nicht einfach; man mußte jedesmal eine offizielle Erlaubnis bei der Ausländerpolizei beantragen, wollte man Bagdad verlassen. Schon in Heidelberg hatte ich angefangen, klassisches Arabisch zu lernen, und nahm mir nun einen Lehrer für modernes Arabisch. Ich wollte die Zeitung lesen können. Arabisch ist eine schöne, aber sehr schwere Sprache, und zu mehr als Küchen-Arabisch habe ich es letztlich nicht gebracht, aber immerhin.

Vom Deutschen Archäologischen Institut war uns ein Mann aus dem Süden des Landes als Hausangestellter empfohlen worden. Muchar war Beduine und hatte als Junge auf der Grabung in Uruk-Warka gearbeitet. Aufgeweckt wie er war, wurde er an das Institut in Bagdad mitgenommen, wo er von den älteren Angestellten als Diener angelernt wurde. Das Wort Diener klingt heutzutage altmodisch oder ist verpönt, aber Muchar war stolz auf seine Ausbildung, die ihn sozusagen für den diplomatischen Dienst qualifizierte. Er konnte perfekt servieren. Von Anfang an lebte er mit seiner Frau und seinen zwei, später drei Kindern in einem kleinen Haus im Hof hinter unserem Haus, das er versorgte. Er pflegte auch den Garten, hütete die Kinder, ging einkaufen und half mir, wenn offizieller Besuch kam. Seine Frau arbeitete nicht im Haushalt mit, buk aber zweimal am Tag in einem Tonofen über offenem Feuer frisches, köstliches Fladenbrot. Ihre und unsere Kinder waren etwa im gleichen Alter und spielten zusammen, und Anne und Berta liebten es, am Feiertag, wenn die arabische Verwandtschaft kam, dabeizusitzen und den Gesprächen zu lauschen.

Muchar war nicht nur im Alltag meine große Stütze, sondern vor allem bei den offiziellen Einladungen. Stand eine ins Haus, zog er sein schönstes Gewand und weiße Handschuhe an, mit denen er dann servierte. Das paßte überhaupt nicht zu unserer einfachen Einrichtung. In der Küche versuchte ich dann Muchar auf Arabisch zu erklären, wie er

Muchar hütet die Kinder, Bagdad 1967

das Essen anrichten sollte. Er servierte es immer, als ob es das beste Essen der Welt sei.

Muchar war Angehöriger des Beduinenstammes, der traditionell die Grabungsarbeiter in Uruk-Warka stellte. Er ist inzwischen der Scheich seines Stammes, der Wächter der Grabungsstätte und heute noch Angestellter des Instituts beziehungsweise des Auswärtigen Amtes. Es ist ihm und seiner Autorität zu verdanken, daß die Ruine der alten Stadt Uruk in den letzten unruhigen Jahren von Raubgrabungen verschont blieb. 2001 fand in Bagdad anläßlich der Entstehung der Schrift in Mesopotamien vor 5000 Jahren – einer von Hans' Forschungsschwerpunkten – ein internationaler Kongreß statt. Eine Exkursion des Kongresses führte nach Uruk, wo die frühesten Schriftdokumente gefunden worden waren. Dort trafen wir Muchar zum ersten Mal wieder, die Wiedersehensfreude war groß, und er posierte mit seiner ganzen Familie für meine Kamera. Längst hatte er sich nach islamischem Recht eine zweite Frau genommen, seine Familie war entsprechend gewachsen und unübersichtlich groß.

Die Ausflüge nach Uruk-Warka und zu anderen Grabungsstätten brachten Abwechslung in meinen Alltag. Zum ersten Mal kam ich bereits auf meiner Erkundungsreise im April 1965 dorthin und berichtete meinem Vater:

Die Fahrt mit dem Auto dauert sechs Stunden, da Warka etwa 300 km entfernt ist und die Straße zum Teil nur Wüstenpiste ist. Warka ist eine riesige Ruine, an der von den Deutschen schon ewig gegraben wird. Es ist sehr romantisch dort unten, da nichts an den Angewohnheiten geändert wird, die seit Jahren schon bestehen. Z.B. gibt es nur Petroleumlampen. Die Arbeiter, gewöhnlich 250, jetzt waren nur noch 50 da, sind alles Beduinen oder Halbbeduinen und arbeiten schon seit Generationen an der Grabung mit. Die Jungen sind jetzt die Enkel und Urenkel.

Margret und Hans Nissen vor dem Grabungshaus, Uruk-Warka 1966

Rechte Seite:
Traditionelle Schilfhütte im Südirak, 1966

Der Ton mit den Arbeitern ist sehr persönlich, man muß sie möglichst schnell alle mit Namen kennenlernen und die ganzen Verwandtschaftsgrade. Wenn man raus in die Grabung geht, kommen alle angelaufen und man muß jedem die Hand geben und einen Schwall von Begrüßungsworten über sich ergehen lassen. Ich kann noch gar nichts, fange aber an zu lernen. […]

Insgesamt war ich dreimal in Uruk-Warka, jeweils nur für drei Tage, konnte Hans jedoch auf verschiedenen anderen Reisen mit den Kindern begleiten. Ehefrauen und Angehörige waren als Grabungsteilnehmer nicht zugelassen. Über einen weiteren Besuch auf der Grabung schrieb ich meinem Vater:

Donnerstag, 17. Febr. 66

Lieber Papa,
[…] Warka ist einfach wunderbar, mit 260 Arbeitern besät, die noch genauso zerlumpt und wild aussehen wie auf alten Grabungsphotographien. Dann das Grabungsgebäude, um einen

großen Hof gebaut, aus ungebrannten Ziegeln, ohne fließend Wasser oder elektrisches Licht, jedoch dadurch sehr gemütlich. Am zweiten Tag haben wir über die überfluteten Wasserarme südlich von Warka hinweg eine Bootsfahrt gemacht, z.T. mit Segel und Stakstange, um einen befreundeten Scheich zu besuchen. Vier Stunden dauerte es jeweils hin und zurück auf dem Wasser, den letzten Teil bei Sonnenuntergang. Dieses Jahr ist soviel Wasser, daß die ganze Landschaft dort ein Meer ist. Der Scheich war leider nicht da, sein Sohn kochte uns jedoch den rituellen Kaffee, der erst geröstet wird, dann in einem bestimmten Rhythmus gestampft, so daß das Dorf erfährt, wer zu Besuch gekommen ist und wer vom Dorf dazugeladen wird, dann umständlichst gekocht, immer von einer Kanne in die andere, vermischt mit Tage oder Wochen altem Kaffee. Heraus kommt eine bittere, schwarze Brühe, von der jeder dreimal einen Schluck trinken darf. Das ist der berühmte arabische Kaffee, die Tradition gibt es jedoch nur noch bei den Beduinen. […]

Gestern kam ich nun nach Hause […]. Den Kindern ging es wunderbar, sie frühstückten morgens am Tisch, mittags und abends aßen sie bei Muchar auf der Erde und unterhielten sich auf arabisch. Ihr Wortschatz hat sich vermehrt, und manchmal weiß ich gar nicht, was Anne meint. Allerdings sind ihre arabischen wie auch deutschen Worte noch zählbar. Auf jeden Fall wird das Durcheinander immer besser und es macht viel Freude. »hinna« heißt immer hier, und »aku« und »maku« sind die meist gebrauchten Wörter im Haus. »papa maku« heißt soviel wie »er ist nicht da«, »aku« das Gegenteil. […]

Deine Briefe kommen alle an, vielen Dank. […]

Viele liebe Grüße Deine Margret

Soweit wir die Erlaubnis bekamen, machten wir am Wochenende häufiger kleine Abstecher in die Umgebung Bagdads. Mit dabei war auch damals schon meine Kamera, mit der ich die karge, wüstenartige Landschaft und die antiken Ruinen fotografierte. Jedesmal nahm ich mir vor, meine Studien wieder aufzunehmen, doch versandete der gute Vorsatz schnell im Alltag. Bald kündigte sich das nächste Kind an. Im Sommer 1966 unterbrach ich deshalb meinen Bagdad-Aufenthalt für längere Zeit und reiste mit den beiden Töchtern nach Deutschland. Erst im Frühjahr 1967 flog ich nach Bagdad zurück, nicht ahnend, daß unser Aufenthalt dort nicht mehr von langer Dauer sein sollte. Hans hatte bereits zu Jahresanfang seine Arbeit wieder aufgenommen und verbrachte die meiste Zeit auf der Grabung. Als die Arbeiter davon Kenntnis erhielten, daß mein Mann erneut nicht Vater eines Sohnes geworden war, tauften sie ihn mitleidig »abu banat«, was »Vater der Töchter« heißt. Ich blieb mit den drei Kindern allein in Bagdad, unterstützt von Muchar. Anne besuchte in diesem Frühjahr vormittags den internationalen Kindergarten, was ihr wie der kleineren Schwester sehr gut tat. Ich nahm wieder Klarinettenstunden und versuchte meine Arabischkenntnisse zu erweitern, sofern mir die Kinder dazu Zeit ließen.

Während wir noch diskutierten, ob Hans seinen Vertrag verlängern sollte, hatte sich, ohne daß wir es bemerkt hatten – wir kamen nur selten an Zeitungen, und die Kurzwellennachrichten waren schlecht zu empfangen – die politische Lage im Nahen Osten zugespitzt. Wir spürten die Auswirkungen insofern, als die Lebensmittelversorgung immer schwieriger wurde. Fertige Babynahrung gab es nicht mehr, ich versuchte Karen, die Jüngste, mit Auberginen, Tomaten, Gurken, Äpfeln und Kartoffeln zu ernähren. Ein Brief vom 24. Mai 1967 dokumentiert die damalige Situation:

Liebe Mama, lieber Papa
[…] Uns geht es sehr gut, wir freuen uns so richtig unseres Lebens. Es ist nun heiß geworden und dazu noch feucht (im Haus 33° oder heißer). Da die Karen einfach davonfloß, hat Hans heute die Aircooler angemacht. Nun haben wir ewig diesen kühlen Wind, und wir erkälten uns bestimmt alle einmal. Andere Leute haben die Aircooler schon seit drei Wochen laufen, aber wir lieben es mehr, wenn es heiß ist.

Morgens setze ich mich mit allen Kindern und Baby in die Badewanne im Garten, ohne Wasser ist es in der Sonne schon um 10.00 zu warm. […] Hoffentlich macht uns nun nicht die politische Lage einen Strich durch die Rechnung. Ich war heute bei einem Kaffeeklatsch bei Leuten der österreichischen Botschaft. Die erzählten, daß die westliche Presse ganz aufgeregt über die Lage im Nahen Osten berichtet. Nun, wir hatten bis jetzt noch gar nicht davon gehört, Hans war viel weg oder arbeitete, so daß er nichts erfuhr. Bis jetzt wissen wir gar nicht genau, was los ist. Hans meint jedoch, daß es vollkommen ungefährlich ist, da wir so weit vom Schuß sitzen. Wäre es für den Iraq ernster, würde man unter Europäern viel mehr davon reden. Gestern waren wir auf einer Party und da sprach niemand davon. Regt Euch also nicht auf, es geht uns sehr gut, wie immer. […]

Anne spricht viel von Frl. Klara. Sagt ihr einen schönen Gruß. Am meisten Eindruck machte das Kuchenbacken. Sonst spricht sie nie von Heidelberg, nur von Deutschland allgemein.

Viele herzliche Grüße Eure Margret

So weit weg vom Schuß saßen wir dann doch nicht. Im Juni 1967 eskalierte der Nahost-Konflikt zum Sechstagekrieg Israels gegen Syrien, Jordanien und Ägypten. Der Flugverkehr von Bagdad nach Europa wurde lahmgelegt. Wir saßen im Haus fest und fühlten uns vom Geheimdienst beobachtet. Es war auch vorher so gewesen, daß man keinen Schritt unbemerkt tun konnte, doch nun bekamen wir Angst, weil wir nicht wußten, ob die politische Situation sich weiter zuspitzen würde. Wir konnten zudem nicht einschätzen, ob nicht die Bevölkerung gegen westliche Ausländer aufgehetzt werden würde. Zu der politisch aufgeladenen Atmosphäre kam ein drückend heißer Sommer. Nach Ende des Krieges erfolgte zunächst die Ausweisung aller Engländer und Amerikaner, die sich im Irak aufhielten. Dann waren wir an der Reihe. Mein Mann war wegen des Vermerks in seiner Akte bezüglich seiner früheren Israel-Reise unter Spionageverdacht geraten. Wir wurden ausgewiesen.

Am 23. Juli 1967 flog ich nach Frankfurt, die Kinder hatte ich dabei. Hans reiste mit unserem R4 über Persien aus und traf Anfang August in Heidelberg ein. Unsere Möbel hatten wir in Kisten verpackt und in einem Container in der Deutschen Botschaft untergestellt. Sie trafen tatsächlich eines Tages heil in Heidelberg ein. Wir waren schneller zurück als ursprünglich geplant. Und wieder war mein Elternhaus in Heidelberg beziehungsweise das Garagenhaus auf ihrem Grundstück unser Anlaufpunkt. Dort hatte sich das Leben inzwischen grundlegend verändert. Mein Vater war aus dem Gefängnis entlassen worden.

Der fremde Vater

Die vier Direktoren haben, wie mir mitgeteilt wird, beschlossen, daß ich vor Schirach aus dem Tor fahre. Ein Vorteil von Sekunden, wo ich auf Jahre gehofft hatte (18. September 1966, »Spandauer Tagebücher«, Seite 657).

In der Nacht zum 1. Oktober 1966 wurde mein Vater kurz vor Mitternacht ins Direktorenbüro des Gefängnisses gebeten, wo die vier Direktoren als Vertreter der Siegermächte zur Entlassung aus der Haft auf ihn warteten. Vom amtierenden britischen Direktor bekam er provisorische Papiere überreicht. Zuvor hatte er Zivilkleidung ausgehändigt bekommen, darunter seine alte Skijacke, in der er neunzehn Jahre zuvor nach Spandau gebracht worden war. Im Gefängnishof wartete ein schwarzer Mercedes auf meinen Vater, in dem er, wie er selbst berichtet, gewohnheitsmäßig neben dem Fahrer Platz nehmen wollte. Sein Anwalt Flächsner hielt das für unpassend und schob ihn schnell nach hinten, damit er neben meiner Mutter im Wagen sitzend das Gefängnis verließ.

Pünktlich um null Uhr öffneten sich die Flügel des Gefängnistores. Schlagartig war die Szenerie in gleißendes Scheinwerferlicht getaucht. Fernsehkameras surrten, Mikrophone reckten sich in die Höhe, ein Blitzlichtgewitter der Fotografen ging nieder. Viele Menschen säumten trotz vorgerückter Stunde den Straßenrand, darunter auch einige Heß-Sympathisanten, die für die Freilassung ihres Idols demonstrierten.

Mein Vater hatte den Rummel um seine Person erwartet, ihn vielleicht sogar lange ersehnt, und den gesamten weiteren Verlauf in der für ihn typischen Weise durchdacht, akribisch geplant und bis ins Detail vorwiegend von der Familie vorbereiten lassen. Er hatte eine nachmitternächtliche Pressekonferenz im Hotel Gehrhus im Grunewald anberaumt, wo er für sich und meine Mutter eine Suite hatte reservieren lassen. Danach wollte er sich für eine gewisse Zeit der Öffentlichkeit entziehen. Auch dieser Rückzug war genau organisiert, denn niemand wollte Reporter dabei haben, wenn ihn die Familie das erste Mal in Freiheit wiedersah. Meine Eltern flogen aus Berlin heraus, dann übernahmen meine Brüder das Geleit. Ich weiß nicht, wie oft die Wagen getauscht wurden, aber es funktionierte.

Alle Kinder, Kindeskinder und, soweit vorhanden, auch Schwiegersöhne und Schwiegertöchter, warteten in einem Ferienhaus bei Malente am Kellersee in Schleswig-Holstein auf meine Eltern. Die Familie war mittlerweile noch größer geworden. Drei von uns Kindern waren inzwischen verheiratet; ich lebte mit meiner Familie seit 1965 in Bagdad. Doch diesen Herbst 1966, in den auch die Entlassung meines Vaters fiel, verbrachte ich in Deutschland, überwiegend in Heidelberg.

Bei den Vorbereitungen für das große Familientreffen war ich nur am Rande beteiligt gewesen. Im Juni hatte ich aus Bagdad meinem Vater geschrieben:

Wahrscheinlich seid Ihr mit Euren Spinnereien in der Zwischenzeit im Jagdhaus, wofür ich eigentlich auch bin und für Dein 7.00 Flugzeug aus Berlin raus. Ich werde Albert Teppiche leihen, dann können wir alle auf Matratze und Teppich sitzen! Aber da ich etwas außerhalb der Entwicklung stehe, kann ich wenig dazu sagen.

Alles lief reibungslos. Selbst Hans schaffte es in letzter Minute teilzunehmen und traf am 29. September in Deutschland ein. »Eine Nettigkeit seines Chefs«, wie ich meinem

Vater mitteilte, ohne ihm die näheren Umstände zu erläutern. Hans' Kollege hatte sich nämlich geweigert, »wegen eines Kriegsverbrechers« seinen Urlaub um einige Tage abzukürzen, und dann hätte Hans im Institut weiter Wache halten müssen, bis der Kollege aus dem Urlaub zurückgewesen wäre.

Zwei Wochen wollten wir in Ruhe in dem von Freunden meines Vaters zur Verfügung gestellten Haus miteinander verbringen. Inzwischen ist mir klar, daß das gar nicht gutgehen konnte. In der ländlichen Abgeschiedenheit war er uns ausgeliefert; umgekehrt kann man das kaum behaupten, dazu waren wir zu viele.

Albert Speer nach der Entlassung aus Spandau, Malente 1966

Schmal, grau und ganz schüchtern wirkte er. Nach zwanzig Jahren Weltabgeschiedenheit in Spandau – zuletzt waren sie nur noch drei Gefangene dort gewesen –, seinen einsamen Spaziergängen im Gefängnisgarten, bei denen er die Welt umrundet und im Laufe der Jahre knapp 32000 Kilometer zurückgelegt hatte, muß es für ihn verstörend gewesen sein, auf so viele Menschen zu treffen und andauernd mit ihnen zusammenzusein. Und wie war es mit meiner Mutter? Beide sind ja nie sehr herzliche Menschen gewesen, sie waren geübt in körperlicher Zurücknahme auch gegenüber uns Kindern. Äußerlich war ihnen nichts anzumerken. Sie bewahrten Haltung und Distanz, wie es sehr viele in ihrer Generation gelernt hatten und ebenso praktizierten.

Mein Vater gab sich Mühe. Er war freundlich, und wir waren freundlich, er fragte etwas, und wir antworteten höflich, dann war das Thema abgehakt, und das Gespräch erstarb. Verließ er den Raum, blühte das Gespräch wieder auf. Meist ging er früh zu Bett, wie es wohl schon früher bei größeren Runden seine Gewohnheit gewesen war. In Spandau hatte er außerdem verlernt, sich nach anderen Menschen zu richten. So wartete er bei den Mahlzeiten nicht, bis alle anderen etwas auf dem Teller hatten, sondern fing sofort an zu essen. Wir anderen hatten viele gemeinsame Gesprächsthemen, es gab gemeinschaftliche Erlebnisse, auf die wir uns beziehen konnten. Unsere Mutter hatte die Konfirmationen, Abschlußbälle und Hochzeiten ausgerichtet, das heißt, sie kannte unsere Lehrer, Freunde, Bekannten, Liebschaften. Davon war er weitgehend ausgeschlos-

Familientreffen in Malente, 1966

sen, unser Leben war zu großen Teilen an ihm vorbeigegangen, vor der Haft, während der Haft, und so blieb es auch in den Jahren danach. Joachim Fest bemerkt in seiner Speer-Biografie, mein Vater habe später nur noch mit Verbitterung über dieses Familientreffen gesprochen. Selbst in Spandau habe er sich niemals so einsam gefühlt (»Speer. Eine Biographie«, Seite 437).

Im Nachwort zu seinen »Spandauer Tagebüchern« schreibt mein Vater:

Manchmal stieg bereits eine Ahnung in mir auf, Unüberwindliches nicht beiseite räumen zu können. Ich denke, während ich dies einige Zeit später schreibe, daß ich jene Befangenheit nicht auf Spandau zurückführen darf. Vielleicht war sogar die Sprödigkeit, mit der wir uns im Besuchszimmer gegenübersaßen, die mir gegebene Art des Kontakts. Ist nicht immer

Gemeinsames Essen mit Margarete und Albert Speer, Malente 1966

so etwas wie eine Wand zwischen mir und den anderen gewesen und alle Ungezwungenheit nur ein Versuch, sie unmerkbar zu machen? (»Spandauer Tagebücher«, S. 663)

Einmal abgesehen von der Selbststilisierung meines Vaters als Ewigfremder, der sich nirgendwo richtig wohl fühlte – dafür aber immer überraschend gut zurechtkam und sein Umfeld charismatisch und erfolgreich dirigierte –, ist diese Beschreibung sehr treffend. Immer war eine Aura der Distanz um ihn, die sich auch im Familienkreis nicht völlig auflöste. Gleichzeitig gelang es ihm aber, diese Distanz durch kleine Witzeleien und seine insgesamt lockere Art zu überspielen. Sie war dadurch nicht so schmerzhaft, wie sie hätte sein können, sie machte einen nicht verlegen, aber sie schwand auch nicht.

Ich war jedenfalls froh, daß ich meine beiden Kinder dabei hatte und so immer wieder einen Vorwand besaß, mich zurückzuziehen und mich mit ihnen zu beschäftigen. Überhaupt sorgten sie für Abwechslung und Auflockerung in der etwas steifen Erwachsenenrunde. Außerdem war ich für den Haushalt zuständig, weshalb ich regelmäßig in der Küche verschwinden konnte. Dort hatte ich dann meine Ruhe, noch heute tue ich das gerne. Ich habe es, glaube ich, sogar vermieden, mit ihm allein zu sein. Was hätte ich auch mit ihm reden sollen?

Alles fand in freundlicher, aber eben keineswegs ungezwungener Atmosphäre statt. Die Fotos, die ich damals machte, zeigen uns beim Essen, bei herbstlichen Spaziergängen, in Gruppen und doch jeder mit sich beschäftigt, manchmal froh, sich eines der Kinder greifen zu können.

Mein Vater erzählte von seinem Leben in Spandau, seinen Plänen für die Zukunft. Wir waren interessiert und erwarteten umgekehrt, daß er an unserem Leben Anteil nahm. Meine Mutter meinte später, daß wir wohl in unseren Erwartungen enttäuscht worden seien, und schrieb sich selbst das Stocken der Gespräche insofern zu, als sie nicht mochte, daß über seine historische Rolle und politische Themen, die damit in Zusammenhang standen, geredet wurde. Sie tabuisierte diese Themen geradezu. Doch das allein war es nicht. Unsere Gespräche langweilten ihn, vermute ich. Er schaltete schnell ab, ging auf innere Distanz. Unsere Arbeit, Freunde, Interessen, unser Leben interessierten ihn nur am Rande. Und sein früheres Leben, das Thema, worüber er am besten sprechen konnte, wurde von uns nicht angesprochen, sondern blieb tunlichst ausgespart. Ein Teufelskreis für alle.

So sollte es auch in den nächsten Jahren bleiben. Als Architekt wäre es für ihn nicht einfach gewesen, wieder Fuß zu fassen. Er hat es dann auch gar nicht ernsthaft versucht, nachdem im letzten Jahr seiner Haft zwei ehemalige Kollegen, in deren Büro er einsteigen sollte, plötzlich verstorben waren. Im übrigen hätte man ihn wohl zunächst einmal »umschulen« müssen, denn sein Geschmack und seine fachliche Kompetenz schienen mir, gelinde gesagt, einfach stehengeblieben. Das Megalomane der von ihm für Hitler entworfenen Bauten hat er selber erkannt, das hat er später in seinen »Erinnerungen« beschrieben. Im Gefängnis hatte er hin und wieder Garagen oder Wohnbauten für die Wärter entworfen, wenn sie ihn darum gebeten hatten, oder Skizzen angefertigt, die von klassischer, antiker Architektur inspiriert waren. Auch für uns sechs Kinder entwarf er Häuser, Phantasieentwürfe ohne festen Auftrag oder konkreten Anlaß. Später ließ er die Entwürfe rahmen und hängte sie in sein Haus im Allgäu, das er nach dem Erfolg der »Erinnerungen« erworben hatte. Dort hängen die Entwürfe heute noch. Aus der Bibliothek hatte er sich außerdem Bücher über Architektur kommen lassen – Architektur ließ ihn also nicht los, und er versuchte zumindest, sich auf dem laufenden zu halten. Dennoch hatte er mit modernem

Bauen wenig im Sinn. Hochhäuser, in denen man nicht nur arbeitet, sondern auch wohnt, lehnte er zum Beispiel weiterhin entschieden ab.

Ich spottete später oft über die Ausstattung seines Hauses im Allgäu. Die Türen und die Decke des großen Wohnzimmers erhielten nach dem Vorbild unseres Hauses am Obersalzberg und der Berliner »Neuen Reichskanzlei« eine prätentiöse Kassettenvertäfelung, viel zu wuchtig für die niedrige Deckenhöhe. Der dunkle und den Raum verengende Eindruck wurde durch die Bespannung der Wände mit dunkelgrüner Seide noch verstärkt. Außerdem hatte er sich überdimensionierte Architekturteile, alte Modelle von ihm, die man in einem Steinbruch in Italien gefunden hatte, kommen lassen und sie zu einem Kamin verbaut, der ebenfalls viel zu groß für das Zimmer war. Einzig die von ihm in den dreißiger Jahren für die Eltern meiner Mutter entworfenen Originalmöbel aus Heidelberg, die er ins Allgäu bringen ließ, mochte ich immer gerne. Ansonsten hieß dieser Raum bei mir etwas despektierlich »die kleine Reichskanzlei«.

Meinem Vater blieb die Rolle als prominenter Zeitzeuge, als ehemaliger Protagonist der Macht, der sein Intimwissen aus der Führungsriege des untergegangenen »Dritten Reiches« erfolgreich zu vermarkten wußte und dabei auch seine eigene historische Rolle in geeigneter Weise neu interpretierte. In diese Rolle stürzte er sich mit großem Eifer. Mein Vater begann sehr bald, das im Gefängnis entstandene Material zu den »Erinnerungen« zu bearbeiten. Nach und nach hatte er es herausschmuggeln und abtippen lassen. Die publizistische Karriere war geplant, wie der rege Briefwechsel und der übrige Schreibfluß belegen. Nach der Entlassung aus der Haft traf sich mein Vater bald mit Wolf Jobst Siedler, der damals den Propyläen-Verlag leitete und noch während der Haft, wie zahlreiche andere, Interesse an kommenden Speer-Memoiren signalisiert hatte. Er stellte ihm Joachim Fest als weiteren Mitarbeiter zur Überarbeitung seiner »Erinnerungen« zur Seite. Siedler und Fest kamen häufig für einige Tage nach Heidelberg, wohnten im Hotel und arbeiteten mit meinem Vater. Gearbeitet und auch gegessen wurde bei ihm zu Hause. Meine Mutter liebte es, für die beiden zu kochen, und wurde von ihnen ausgiebig gelobt für ihre gute Hausmannskost. An den Arbeitssitzungen nahm sie nie teil, aber sie mochte die Gespräche bei den Mittag- und Abendessen. Daraus entwickelte sich eine Art Freundschaft, und später, noch nach dem Tod meines Vaters, besuchte sie Siedlers jedesmal, wenn sie in Berlin war.

Im September 1969 erschienen die »Erinnerungen« und 1975 die »Spandauer Tagebücher«. Es mag seltsam klingen, aber ich habe die autobiographischen Veröffentlichungen meines Vaters damals nur flüchtig gelesen. Den »Erinnerungen« konnte ich ein gewisses Interesse abgewinnen, weil ich dort etwas über seine Sicht seiner historischen Rolle erfuhr; aber anschließend habe ich seine Bücher so weit oben wie möglich ins Regal gestellt. Ich drehte sogar die Rücken der Bücher nach innen, um von niemandem auf deren mögliche Lektüre angesprochen werden zu können. Und ich wollte nicht den Namen SPEER, den die Buchrückengestaltung sehr plakativ herausstellte, jeden Tag sehen müssen.

Für die »Spandauer Tagebücher« wurden wir Kinder bisweilen von ihm eingespannt, so wenn er uns zum Beispiel aufforderte, Passagen zu lesen und zu kommentieren. Ich sollte auch für ihn verschiedene Recherchen durchführen. Ich erinnere mich, daß mir die Frühfassung der »Spandauer Tagebücher« überhaupt nicht gefallen hat. Seine Träume und Gedankengänge, die er darin ausbreitete, fand ich zu langatmig und gedanklich überfrachtet. Auch fiel mir damals schon auf, daß darin die Beschäftigung mit uns, mit der Familie völlig zu kurz kam. Wir waren quasi nicht existent. Das verletzte mich. Tapfer schrieb ich ihm diese Kritik, erhielt aber nie eine Antwort darauf.

Heute, beim ersten gründlichen Lesen überhaupt, fällt mir erneut und diesmal mehr denn je auf, daß die Familie für ihn überhaupt nicht zählte. Natürlich steht in den »Tagebüchern«, daß er Sehnsucht nach der Familie hatte oder die Entwicklung seiner Kinder fast vollständig verpaßte. Dennoch wirkt es so, als hätte er automatisch alle paar Seiten pflichtschuldig einen entsprechenden Satz eingefügt. Weil sich das eben so gehört und so etwas von ihm erwartet wurde. Auch sicherlich, weil er es von sich selbst erwartete und die Familie sozusagen zu seiner bürgerlichen Grundausstattung gehörte. Aber eigentlich spielte sich sein Leben ohne die Familie, ohne uns Kinder ab. Vor der Haft und nach der Haftentlassung auch. Zwar bemühten sich beide Seiten, eine Beziehung zueinander herzustellen, aber sie zu füllen, dem zu entsprechen, das gelang meinem Vater nicht mehr. Ich verspüre eine enorme Diskrepanz zwischen dem, was er geschrieben hat, und dem, was er persönlich, mündlich, körperlich und symbolisch zum Ausdruck bringen konnte. Meiner Mutter hat er wunderschöne Briefe geschrieben, vor allem vor ihrer Hochzeit und auch aus dem Gefängnis. Aber gesagt hat er ihr diese Dinge vermutlich nie. Statt dessen sind sie schweigend durchs Gebirge gewandert.

Meine Töchter Anne und Berta waren die ersten Enkelkinder meiner Eltern. Mein Vater hatte eine für seine Verhältnisse ganz innige Beziehung zu ihnen. Es ist vielleicht bezeichnend, daß es meinem Vater gelungen ist, zu meinen beiden Töchtern, zu seinen Enkelinnen, eine engere Beziehung herzustellen als zu mir, seiner eigenen Tochter. Da konnte er das Versäumte nachholen und quasi neu anfangen. Anne und Berta haben ihn ihrerseits sehr geliebt. Manchmal nahmen meine Eltern die beiden auf Reisen mit. Berta schlief sogar bei ihm im Zimmer, wenn sie bei den Großeltern zu Besuch war, und er richtete sich bei der Musikwahl nach ihren Wünschen. Mein Vater saß meistens am Schreibtisch und schrieb, was für meine Töchter nichts Besonderes war, da sie das vom eigenen Vater auch so kannten. Welche Rolle ihr Großvater im »Dritten Reich« gespielt hatte, bekamen sie erst viel später mit, da das auch zwischen Hans und mir einfach kein Gesprächsthema war. In dieser Beziehung führte ich die fatale Schweigetradition meiner Mutter fort.

Nach der Entlassung meines Vaters aus der Haft setzte relativ schnell wieder Alltagsnormalität ein. Wir Kinder reisten nach und nach und früher als vorgesehen aus Malente ab. Zwei Wochen »heile Familienwelt« waren für niemanden von uns gut auszuhalten. Ich fuhr mit meiner Familie nach Heidelberg, wo wir wieder im Garagenhaus wohnten und wo im November unser drittes Kind zur Welt kam, unsere Tochter Karen. Im März 1967 flog ich mit den drei Kindern nach Bagdad zurück; Hans war schon im Januar abgereist, um an der Grabung in Uruk-Warka teilzunehmen.

Das Leben in Heidelberg hatte sich eingependelt. Mein Vater reiste, besuchte alte Freunde, sortierte seine Tausende Notizen und Briefe, gab bereitwillig Interviews, war für Historiker, Publizisten, Journalisten und Architekturinteressierte ein gesuchter Gesprächspartner. Nach dem Erscheinen der »Erinnerungen« nahm seine Umtriebigkeit noch zu. Er erhielt Einladungen zu Lesungen und Gesprächen, redete mit fast jedem und lud seine Gesprächspartner oft nach Heidelberg ein. Bereits damals hatte ich das Gefühl, daß sein Handeln sich aus zwei Motiven speiste: dem Versuch, sich von Schuldgefühlen zu befreien, wie aus der

Pflicht, als ranghöchster Zeitzeuge des NS-Regimes alle Fragen zu beantworten, die an ihn herangetragen wurden.

Meine Mutter nahm selten an den Gesprächen teil. Da sie schon früher immer, wenn Nationalsozialismus und Krieg zum Thema zu werden drohten, gesagt hatte »Hört mir auf mit dem alten Quatsch!«, wollte sie auch jetzt, so glaube ich, nichts mehr hören, was sie in Unruhe versetzt hätte. Was sie sich vermutlich erträumt hatte, daß sie noch einmal mit ihrem Mann von vorne beginnen könnte, als Frau eines Architekten, ein Leben ohne die Schatten ihrer ja teils gemeinsamen Vergangenheit, stellte sich nicht ansatzweise ein. Sie war gezwungen, sich nach über zwanzigjähriger Selbständigkeit ihm wieder unterzuordnen und auch wieder in viel stärkerem Umfang Repräsentationspflichten zu übernehmen. Mein Vater dagegen war zu einer Figur der Zeitgeschichte geworden und fühlte sich wohl in dieser Rolle, kompensierte vermutlich auch viel damit. Ihn ließ die Vergangenheit nicht los, und er bemächtigte sich ihrer, indem er sie zu seinem Lebensinhalt machte und sich auf ewig in ihr einrichtete.

Chicago

Als wir 1967 nach Heidelberg kamen, um wieder im Garagenhaus in der Nähe meiner Eltern zu wohnen, kehrten wir in ein unruhiges Deutschland zurück. Die Studentenrevolte war in vollem Gange; die junge Generation hatte sich gegen die Eltern erhoben, wollte die Restauration der Adenauer-Zeit aufbrechen, wollte die verschlafene und selbstzufriedene Gesellschaft wachrütteln. Sie verlangte mehr Rechte für die Frauen, wollte Schulen, Universitäten und Gesellschaft demokratisieren, demonstrierte gegen den Vietnamkrieg und wollte endlich über die Beteiligung ihrer Eltern an den Verbrechen der NS-Zeit Bescheid wissen.

Von der zunehmenden Thematisierung der NS-Vergangenheit fühlte ich mich nicht direkt angesprochen. Nach meinem Empfinden hatte mein Vater im Spandauer Gefängnis bereits seine Strafe als Kriegsverbrecher verbüßt, hatte sich demzufolge nicht entziehen können. Durch ihn war die NS-Zeit ohnehin auch vor 1968 zwangsläufig ein familiäres Dauerthema gewesen, auch wenn wir kaum offen darüber gesprochen hatten.

Aber ich war empfänglich für die neuen Ideen der Protestbewegung, da sie meiner eigenen, grundliberalen Haltung entgegenkamen. Ich wurde jedoch selbst nicht politisch aktiv, das entsprach nicht meinem Naturell. Auch Gewaltausbrüche wie in Berlin im Juni 1967 schreckten mich ab. An Demonstrationen, die es auch in Heidelberg gab, nahm ich nicht teil, da ich schon immer Angst vor Massenveranstaltungen, besonders aber vor gewaltbereiten Ansammlungen von Menschen hatte.

Wir zogen uns auf unser Familienleben zurück. Hans war von den Unruhen an der Universität nicht direkt betroffen, da er dort keine Stelle gefunden hatte; er war arbeitslos. Die Bewilligung eines Habilitationsstipendiums zog sich in die Länge, als uns plötzlich im März 1968 ein Telefonanruf vom Oriental Institute der University of Chicago erreichte, in dem Hans eine Stelle als Assistant Professor angeboten wurde. Innerhalb einer Woche sollten wir uns entscheiden; wir sagten zu und erledigten alle notwendigen Schritte für eine Auswanderung.

Am 28. August 1968 wurde unser Sohn Nils geboren. Die Geburt mußte etwas beschleunigt werden, damit er für den Flug nach Chicago wenigstens einen Monat alt war. Ende September wanderten wir mit Sack und Pack in die USA aus. Die ganze Familie, meine Geschwister, meine Eltern und Schwiegereltern waren zum Frankfurter Flughafen gekommen, um uns zu verabschieden. Vor lauter Aufregung vergaßen wir beinahe die Tragetasche mit dem Baby. »Ihr habt ja Euren Nils vergessen«, rief die Familie. Eine Kusine meines Mannes flog mit uns, sie sollte ein Jahr bei uns wohnen und mir mit den Kindern helfen.

Ich war 1958 zum ersten Mal in den USA gewesen, in Salt Lake City (Utah), der Stadt der Mormonen. Die Familie, bei der ich damals für ein Jahr wohnte, gehörte nicht dieser Glaubensrichtung an. Der Vater war Geologe und ein weltoffener Mann, die Tochter Caroline studierte Kunst, und ich fühlte mich wohl bei ihnen. Die Mutter war eher konservativ, stammte aus einer reichen Familie und hatte viele Freunde in der sogenannten besseren Gesellschaft. So wurden Caroline und ich oft eingeladen, zum Lunch mit jungen Damen oder zu Hochzeiten. Wir mochten beide die aufgedonnerte Gesellschaft gar nicht, paßten weder in der Kleidung noch im Benehmen dazu und machten uns über die anderen lustig. Meine Gasteltern kannten meine Familiengeschichte, aber sprachen sie nicht an. Für meinen Mädchennamen interessierte sich niemand, man nannte sich ohnehin nur beim Vornamen. Im College war ich als Deutsche keinen Anfeindungen ausgesetzt. Die Studenten, denen ich begegnete, hatten meist klischeehafte Vorstellungen über Hitler und die Deutschen, die in der Regel aus Kriegsfilmen stammten, die sehr beliebt waren. Sie waren aus meiner Sicht wenig gebildet und unpolitisch, wußten zum Beispiel nicht, daß es West- und Ostdeutschland gab.

Amerika befreite sich gerade aus der Starre der McCarthy-Zeit, aber die Angst vor Kommunisten und der sowjetischen Atommacht waren weiter bestimmend. Europa war weit weg, in den Zeitungen tauchte es kaum auf. Amerika erschien mir völlig auf sich bezogen, die Gesellschaft konservativ, man ging in die Kirche, pflegte Haus und Garten und legte viel Wert auf korrekte Kleidung. Anderssein war nicht vorgesehen. Doch in San Francisco und New York wollten die jungen Leute schon damals nicht mehr nach den Regeln der Eltern leben und versuchten andere Lebensformen. Natürlich las auch ich »On the Road« von Jack Kerouac und »Catcher in the Rye« von J. D. Salinger. Aber ich glaube, die Bedeutung dieser Kultbücher der »beat generation« habe ich damals gar nicht verstanden, oder sie sprachen mich nicht an. Ich fühlte mich nicht eingeengt, ich fühlte mich vielmehr den Amerikanern, mit denen ich zusammen war, insofern überlegen, als ich mich als viel freier und lockerer empfand und mich weniger stark durch gesellschaftliche Konventionen eingeschränkt sah. Es gab für mich keinen Grund aufzubegehren.

Ich erinnere mich aus dieser Zeit vor allem an den in den USA sehr ausgeprägten Nationalstolz. Das kannte ich aus Deutschland überhaupt nicht. Ich arbeitete, um Geld zu verdienen, einige Wochen in einem Pfadfindercamp mit

Kindern im Alter zwischen sechs und acht Jahren. Jeden Morgen und jeden Abend wurde unter patriotischen Gesängen, die Hand auf dem Herzen, die Fahne auf- beziehungsweise eingezogen; es war ein Drama, wenn sie die Erde berührte und damit entweiht war. Ich durfte sie nicht falten helfen, da ich keine Amerikanerin war.

Als wir zehn Jahre später in Chicago ankamen, traf ich auf ein verändertes Amerika. Die sozialen und die Rassenprobleme hatten sich seit Anfang der sechziger Jahre zugespitzt und die Bürgerrechtsbewegung hervorgebracht, die vorwiegend für die Rechte der Schwarzen kämpfte, während gleichzeitig die Studenten gegen Professoren und das Establishment revoltierten und sich politisch gegen den Vietnamkrieg engagierten. Die ganze amerikanische Gesellschaft schien in Aufruhr.

Das Einleben in Chicago war für uns kein Problem. Schon in Bagdad war Englisch die Umgangssprache gewesen, die meisten Kollegen kannten wir von internationalen Kongressen. Das Oriental Institute, wo Hans nun Assistant Professor war, galt zu der Zeit weltweit als eine der besten Institutionen für vorderasiatische Sprachen und Archäologie. Ein Haus voller Wissenschaftler aus den verschiedensten Ländern. Unter seinen Kollegen waren mehrere jüdische Professoren aus Deutschland, Ungarn, Polen und Österreich, die als junge Wissenschaftler Europa hatten verlassen müssen, um Verfolgung und Krieg zu entgehen. Wir freundeten uns bald an und feierten viel gemeinsam. Alle waren nett zu mir, doch ich hatte ihnen gegenüber ständig ein schlechtes Gewissen. Über die deutsche Vergangenheit wurde in meiner Gegenwart nicht gesprochen, obwohl oder wahrscheinlich weil alle wußten, wer mein Vater war.

Nur einmal durchbrach bei einem Abendessen der neben mir sitzende jüdisch-polnische Professor Ignace J. Gelb dieses Schweigen und sagte, er habe mir schon lange erzählen wollen, daß er nach dem Krieg für den amerikanischen Geheimdienst gearbeitet habe mit dem Auftrag, einen Bericht über die »Organisation Todt«, die seit 1942 zum Arbeits- und Rüstungsimperium meines Vaters gehört hatte, zu schreiben. Aus diesem Grund war er bei den ersten Verhören meines Vaters durch die Amerikaner auf Schloß Glücksburg dabei gewesen, und er zeigte sich von ihm sehr beeindruckt. Vom Nürnberger Prozeß hatte er nur den Beginn der Verhandlungen erlebt. Ich saß verängstigt da, brachte kaum ein Wort heraus und fühlte mich völlig blockiert. Was hätte ich sagen sollen? Ich war unfähig, so »normal« wie er über

Navy Pier, Chicago 1970

dieses Thema zu sprechen, dabei handelte es sich nach meinem heutigen Eindruck ja im Grunde um ein frühes »Angebot«, den Umgang mit dem Thema zu normalisieren. Auch wenn ich selbst gar nicht attackiert oder stigmatisiert wurde – die Angst davor lähmte mich trotzdem.

Übrigens holte mich mein Vater auch in anderer Hinsicht in Chicago ein. Eines Tages begegneten wir seinem Gesicht auf Plakaten in den Buchhandlungen; seine »Erinnerungen« waren in Amerika publiziert worden. Anne und Berta erkannten ihn und waren, wie das für Mädchen ihres Alters normal ist, stolz auf ihren Großvater. Auch ich zeigte neben der beschriebenen Befangenheit in solchen Momenten im Grunde dieselbe, sozusagen »unpolitische«, private Reaktion. In einem Brief vom 1. Dezember 1969 sprach ich meinen »herzlichen Glückwunsch zu Papa's 1. Platz im Spiegel« aus.

Das Institut gehörte zur University of Chicago, die anders als die meisten amerikanischen Hochschulen keine abgeschlossene Campus-Universität war, sondern über einen südlichen Stadtteil Chicagos, Hyde Park, verstreut lag. Hyde Park war an drei Seiten von Slums umgeben, im Osten grenzte das Viertel an den Michigansee. Hyde Park war eine sogenannte »integrated neighborhood«, wo Menschen jeder Herkunft und Farbe zusammenlebten. Gerade das war für uns das Interessante, deshalb wollten wir dort wohnen und nicht in einem der reichen Vororte, wie manche von Hans' Kollegen. Uns war aber auch klar, daß wir in Hyde Park in einer besonderen Umgebung wohnen würden, aufgrund der Universität und der vielen Nationalitäten wirkte es international und für uns beinahe europäisch. Das eigentliche und typische Amerika würden wir hier nicht kennenlernen.

Das Leben in Chicago bedeutete für uns einen Einschnitt. Nach dem abgeschirmten Leben in Bagdad und dem ruhigen Dasein in Heidelberg in den von Rassenproblemen geschüttelten Schmelztiegel Chicago. Manchmal war es gefährlich. Es gab eine spezielle Universitätspolizei, die über die Sicherheit der Schüler, Studierenden und Lehrenden wachte, und überall auf dem Universitätsgelände befanden sich Notrufsäulen. Auf jeder Einladung wurden die letzten Überfälle und Einbrüche geschildert. Das Rassenproblem war kein abstraktes Phänomen, sondern betraf jeden, der dort lebte, persönlich. Unsere älteste Tochter wurde im Alter von sechs Jahren einmal tätlich angegriffen. Wie sollte ich ihr erklären, daß Rassenunterschiede keine Rolle spielen? Wir versuchten das Ganze herunterzuspielen und die Gewalt als Problem einzelner zu erklären und auf die in den Slums vorherrschende Armut zurückzuführen, damit sich nicht in den Köpfen der Kinder die allgemeine Vorstellung festsetzte, alle Slumbewohner seien böse. Unsere liberale Sichtweise ließ sich in dem damals zwischen schwarz und weiß aufgeheizten politischen Klima nur schwer durchhalten, da die Kinder durch Freunde in der Schule und in der Nachbarschaft viele klassische Vorurteile zu hören bekamen. Die rechte Mitte zwischen liberal-toleranter Einstellung und harter sozialer Realität zu finden war wirklich nicht ganz leicht, liefen doch von Zeit zu Zeit Gruppen von schwarzen Jugendlichen mit Baseballschlägern durch unsere Straße, und alle waren anschließend eigentlich nur froh, wenn die Jugendlichen nichts beschädigt hatten, sondern nur gelegentlich Kinderfahrräder oder sonstiges Spielzeug, das draußen liegen geblieben war, mitnahmen.

Meine ersten Eindrücke von Amerika schilderte ich in einem Rundbrief an die Familie vom 9. Oktober 1968, den auch meine Eltern erhielten. In ihm war von den Problemen nicht die Rede:

[...] Jetzt ist normales Herbstwetter, heute sogar mit Regen. Sonst ist es unvorstellbar, wieviel die Sonne scheint, meistens ein klarer blauer Himmel, und man weiß gar nicht, woher der

Schmutz kommt, der auf allen Sachen liegt und an den Kindern hängt. Ich habe denen noch nie so viel die Hände gewaschen, und doch sind sie immer schwarz. […] Dieser Dreck ist der einzige Nachteil von Chicago, der mir bis jetzt in die Augen gesprungen ist. Aber er genügt schon, einem das Leben etwas zu verleiden, da man im Grunde mit dem Putzen gar nicht nachkommen kann. Nils konnte sogar jeden Tag mehrere Stunden im Garten stehen, und bei der klaren Luft meint man, daß es ihm doch gut tun würde. Die amerikanischen Kinder sind alle blaß, soweit ich überhaupt welche gesehen habe. Aber vielleicht stehen sie auch nicht im Garten als Babys, oder es liegt an dem furchtbaren weißen amerikanischen Brot, das graue ist genauso weich, aber das Fleisch ist wirklich gut und billig. Jeden Abend essen wir ein riesiges Steak zusammen. […]

Da man nachts nicht allein zu Fuß durch Hyde Park laufen konnte und auch die Benutzung der öffentlichen Verkehrsmittel als gefährlich galt, kauften wir uns einen alten VW Käfer, um beweglich zu sein. Über Bekannte fanden wir ein altes Holzhaus in einer kleinen Straße, dessen Garten an einen Bahndamm grenzte. Das Geräusch der vorbeirauschenden S-Bahn- und Fernzüge störte uns bald nicht mehr. Im Gegenteil, wir liebten es.

Das ziemlich heruntergekommene Häuschen renovierten wir in drei Wochen selbst. Möbel hatten wir wenig, dafür lagen überall Orientteppiche. Hans verdiente nicht viel, wenn die Zinsen für das Haus bezahlt waren, blieben uns 600 Dollar im Monat für vier Kinder, für die Kusine Doris, einen Airdale-Terrier und eine Katze. Wir hatten nie genug Geld. Aber wir führten ein gastfreundliches Haus, und die Studenten, die zu uns kamen, fühlen sich wohl, empfanden die Atmosphäre jedoch als »sehr deutsch«. Anne besuchte die teure private Universitätsschule, Berta, zusammen mit den Kindern aus der Nachbarschaft, eine öffentliche Schule, da das Schulgeld nur für ein Kind reichte. Wir wußten, daß das ungerecht war, der qualitative Unterschied war enorm. In Annes Schule kamen zwei Lehrerinnen auf zwanzig Kinder, bei Berta mußte eine Lehrerin mit dreißig Kindern arbeiten. Sie lernte im ersten Schuljahr so gut wie nichts, ging aber gerne hin und hatte viele Freunde.

Nach dem geglückten Versuch mit der Kusine Doris versuchte ich von nun an immer eine Person im Haushalt zu haben, die die Kinder beaufsichtigte, wenn ich tagsüber weggehen wollte, oder sie ins Bett brachte, wenn wir abends ausgingen. Als ein Glücksfall stellte sich Jim heraus, der mit seiner Freundin in das Zimmer unter dem Dach zog. Jim war Student und ein richtiger Hippie mit wirren, dunklen, lockigen Haaren, wie sie viele damals trugen. Wenn ich Jim nicht finden konnte, war er im Keller und meditierte auf dem Kopf stehend. Er hütete die Kinder, wenn ich weg mußte; ich hatte einen Job bei einer anthropologischen Zeitschrift angenommen, wo ich die Buchbesprechungen verwaltete und nebenbei die (englische!) Rechtschreibung des Professors verbesserte. Es war nicht ungewöhnlich, daß jemand, obwohl er Professor war, die Rechtschreibung oder Kommaregeln nicht richtig beherrschte, aber für mich war das eine neue Erfahrung. Wenn ich tagsüber meine Arbeit nicht schaffte, da Jim Vorlesungen besuchte und die Kinder nicht hüten konnte, mußte Hans mich ins Institut begleiten, da es weiblichen Personen verboten war, sich abends alleine in der Universität aufzuhalten.

Chicago war eine viel aufregendere Erfahrung für mich als unser Aufenthalt in Bagdad, wo ich mit zwei, später drei Kindern festsaß, nichts machen konnte, außer den Basar zu besuchen oder auf irgendwelche langweiligen Einladungen von Botschaftsangehörigen zu gehen. Das war überhaupt nicht meine Welt. Chicago war da ganz anders. Es gab viele interessante Kollegen und Studenten aus der Universität, ich war offen, neugierig und wollte alle und alles kennenlernen. Ich wollte aus dem Haushalt heraus, Chicago erkunden. Das tat ich auch, mit einer Freundin und meiner Kamera. Sie war von Beruf Architektin, was meinen Interessen sehr entgegenkam. In punkto Architektur ist Chicago ein ganz besonderer Ort, es gibt herausragende Bauten in großer Zahl. Wir wurden regelrechte Spezialisten für die Architekturgeschichte der Stadt. Nach Chicago reise ich heute noch mit Begeisterung.

Von der Studentenrevolte in Deutschland hatte ich genug mitbekommen, um einige Unterschiede zur Situation in den Vereinigten Staaten zu bemerken. Die Studentenbewegung hatte sich dort nach meinem Eindruck stärker mit der Bürgerrechtsbewegung und der Protestbewegung gegen den Vietnamkrieg vermischt. An der University of Chicago, einer Privatuniversität mit hohen Studiengebühren, verliefen die Proteste recht gemäßigt. Selbst Hans, »der sich sonst als sehr reaktionär bezeichnet«, wie ich in einem Brief an meine Eltern im Februar 1969 schrieb, »fand alles […] lieb und vor allem ohne politisches Konzept«, obwohl die Studenten Grund zum Protest gehabt hätten, denn sie hatten nach Hans' Beobachtung weit weniger Mitspracherechte als in Deutschland.

Über die Ereignisse und politischen Entwicklungen in Deutschland waren wir nur schlecht informiert, manchmal aus Briefen der Familie sowie aus den wenigen deutschen Zeitungen, die uns erreichten. Im amerikanischen Fernsehen und in den Zeitungen, außer in der »Washington Post« und der »New York Times«, kam Deutschland so gut wie nicht vor.

Natürlich haben mich die Rassenkonflikte und die Studentenbewegung beeinflußt, auch wenn ich keiner Gruppierung angehörte und keine große Diskutantin war. Für mich war es keine Frage, daß Minderheiten in ihren Rechten gesichert und gestärkt und Ungerechtigkeiten und Diskriminierungen beseitigt werden mußten, daß es höchste Zeit war, Politik und Gesellschaft zu verändern, »das System« zu reformieren. Aber Gewalt als Mittel zur Durchsetzung dieser politischen Ziele lehnte ich immer strikt ab, was damals durchaus nicht von allen so gesehen wurde.

Auch die aufkommende Frauenbewegung, »Women's Liberation«, eroberte sich ihren Platz in der Politik. Schon bald nach meiner Ankunft in den USA hatte ich erstaunt zur Kenntnis genommen, daß so wenige Frauen in führenden Positionen, auch an der Universität, vertreten waren. In meiner Vorstellung hätte Amerika in dieser Beziehung viel weiter sein müssen. Aber die Diskussion über Chancengleichheit für Frauen war damals in vollem Gange.

Stark beeinflußt wurde ich von einer amerikanischen Freundin, Ruth, die mehrere Jahre älter und, im Gegensatz zu mir, fast ihr Leben lang politisch aktiv gewesen war. Als ich sie kennenlernte, waren ihre Kinder aus dem Haus, und sie führte eine völlig selbständige Existenz. Sie lebte teilweise in anderen Städten als ihr Mann, gab eine Zeitschrift gegen den Atomkrieg heraus und setzte sich gegen die Umweltverschmutzung ein. Sie war unkonventionell und nahm repräsentative Aufgaben zusammen mit ihrem Mann, der Direktor des Oriental Institute war, nur wahr, wenn es ihr in den Kram paßte. Ich hätte von ihr viel lernen können, doch war ihre Freiheit für mich zu weitgehend, so viel wollte ich nicht riskieren. Sie zu kopieren, traute ich mich nicht und wollte ich auch nicht. Wenn ich heute über Ruth nachdenke, geht mir auf, daß sie nie versucht hat, mich zu ändern. Sie hatte nichts ideologisch Verbohrtes oder Einschüchterndes an sich, sondern ließ mich sein, wie ich war, bestärkte mich aber darin, meine Interessen besser zu erkennen und zu vertreten.

Wir lebten gerne in Chicago, und unser Aufenthalt war eigentlich nicht befristet, da Hans eine Universitätslaufbahn in Aussicht hatte. Doch die Sehnsucht nach Europa war immer geblieben, und so hatte Hans sich auf eine Professur in Berlin beworben. Aber auch aus anderen Gründen konnten wir uns eine Rückkehr nach Deutschland vorstellen. Mich störte an Amerika vor allem die manchmal krasse Diskrepanz zwischen Arm und Reich, das so lückenhafte bis ganz fehlende soziale Netz des Staates, die harten Rassenkonflikte, die offenkundig sehr ungleichen Bildungschancen, das in meinen Augen ungerechte Schulsystem. Es wäre für uns zum Beispiel unmöglich gewesen, für vier Kinder teure Privatschulen und Universitäten zu bezahlen.

Im Winter 1970/71 nutzten wir die Winterferien für eine Erkundung des amerikanischen Südwestens. Wir mieteten uns einen riesigen »station wagon« und fuhren mit der ganzen Familie nach Neumexiko. »Wahrscheinlich haben wir Papa's Rekord übertroffen und haben in zwei Wochen 5500 Meilen zurückgelegt«, schrieb ich meinen Eltern damals. An der Grenze zu Mexiko feierten wir dann mit Freunden Weihnachten und Silvester und nahmen Abschied von Amerika, denn Hans hatte den Ruf an die Freie Universität Berlin erhalten und angenommen.

Der innere Bruch

Mein Vater war zurück im bürgerlichen Leben. Nach dem Erscheinen seiner »Erinnerungen« schlug ihm öffentlich mehr Sympathie als Ablehnung entgegen. Sein publizistischer Erfolg freute mich natürlich, andererseits berührte er mich nur entfernt. Mein Leben kreiste in diesen Jahren mehr um meine eigene Familie, und die ersten fünf Jahre nach seiner Entlassung verbrachte ich überwiegend im Ausland. Unser Verhältnis war nach wie vor freundschaftlich, obwohl wir uns nicht, wie ich in den Briefen immer gehofft hatte, wirklich näher kamen. In meinen Augen war er viel zu sehr der Vergangenheit verhaftet, während ich ganz mit der Gegenwart beschäftigt war. Die Ebene gegenseitiger, eher unverbindlicher, aber auch konfliktfreier Neckerei und Frotzelei hatten wir beibehalten. Zu tiefergehenden Gesprächen kam es nicht. Ich wußte im Grunde nichts mit ihm anzufangen und habe selbst daher keine Anstalten gemacht, jenseits unserer gewöhnlichen Kommunikation neue Wege zu gehen oder neue, andere Fragen zu stellen. Er wiederum redete nur von sich, was mich langweilte.

Zu einem inneren Bruch mit meinem Vater kam es dann ein paar Jahre später. Nicht etwa Diskussionen über seine politische Vergangenheit waren hierfür der Grund, sondern ein ganz privater, persönlicher Anlaß war ausschlaggebend. Ich würde das hier nicht ausbreiten, wäre es nicht schon durch einzelne seiner Biographen öffentlich gemacht worden. Ich lebte längst mit meiner Familie in Berlin, als meine Mutter meine Schwester und mich während eines Berlin-Besuches in ihr Hotelzimmer bestellte. Ich hatte sie nie weinen sehen, jetzt weinte sie. Mein Vater hatte eine Freundin. Natürlich war die Frau viel jünger als sie. Ich habe sie nie kennengelernt und wollte sie nie kennenlernen. Für meine Mutter schien ihr ganzes Leben schlagartig seinen Sinn verloren zu haben. Immer hatte sie sich nach ihm gerichtet, lange Jahre auf ihn gewartet, für ihn gelebt und gearbeitet. Nicht zuletzt hatte sie ihm seit Beginn seiner Karriere bis zum Ende seiner Haft den Familienzusammenhang erhalten und immer wieder erneuert. Meine Mutter war zwar keine unselbständige Frau, aber was hätte sie in ihrem Alter neu anfangen können? Sie hatte ja keinen Beruf erlernt oder ausgeübt. Die Kinder und vor allem ihr Mann waren ihr Lebensinhalt gewesen.

Ich verübelte meinem Vater nicht nur, daß er eine Freundin hatte, sondern vor allem, daß er die Sache meiner Mutter gegenüber auf ausgesprochen brutale Weise handhabte. Obwohl meine Mutter längere Zeit zögerte und zuerst an Trennung dachte, blieben meine Eltern doch zusammen, besuchten weiterhin gemeinsam Konzerte, verreisten, wahrten die Form, als wäre nichts vorgefallen. Aber die Beziehung zu seiner Geliebten blieb unantastbar. Meine Mutter ließ sich letztlich auf das Arrangement ein. Auch hier wiederholte sich das familiäre Muster: den Schein wahren um der Harmonie willen, Streit tabuisieren, immer wieder die Unterordnung meiner Mutter unter seinen Willen, den er, ohne sich irritieren zu lassen, durchsetzte. Auf einer gemeinsamen Reise mit meinen Eltern nach Italien schickte mich mein Vater jeden Abend mit meiner Mutter zum Spazierengehen, damit er in Ruhe seine Freundin anrufen konnte. Meine Mutter wußte genau warum, sie weinte, und ich fühlte mich hilflos, weil ich nicht wußte, wie ich sie trösten oder ihr helfen konnte. Noch heute bin ich wütend auf mich, daß ich mich zur Komplizin habe machen lassen, daß auch ich es nicht geschafft habe, mich zu wehren und ihn zur Rede zu stellen. Daß meine Mutter bald darauf die Parkinsonsche Krankheit bekommen hat, schreibe ich dem Umstand dieser schweren emotionalen Erschütterung zu.

Viel Zeit blieb ihm nicht mehr vergönnt. Mein Vater starb 1981 in einem Hotel in London, wo er sich aufhielt, weil er der BBC ein Interview geben sollte. Die Nachricht von seinem Tod machte schneller die Runde durch die Medien als in der Familie. Eines Morgens rief mich in Berlin ein Journalist an, ob ich wüßte, daß mein Vater in London gestorben sei. »Das kann nicht sein, das müßte ich doch wissen!«, antwortete ich und ging zu einem Fototermin. Während der Arbeit ließ mir der Anruf keine Ruhe. Ich überlegte immer wieder: Wenn das nun stimmt, was ist dann? Wieder zu Hause rief ich sofort in Heidelberg an – es stimmte.

Albert Speer kurz vor seinem Tod im Eßzimmer des Heidelberger Hauses, 1980

Man hatte in der Aufregung vergessen, mich zu informieren. Ich war völlig verwirrt und wußte zuerst nicht, was zu tun war. Mir fielen nur praktische Fragen ein: Wie komme ich am schnellsten nach Heidelberg, was soll ich anziehen, die Kinder mußten aus der Schule genommen werden. Trauer verspürte ich kaum, nur eine gewisse Leere, später vielleicht sogar die Erleichterung, daß sein großer Schatten nicht mehr über mir war. Ich fuhr nach Heidelberg, wo schon die ganze Familie versammelt war. Die Trauerfeier sollte im engsten Familienkreis stattfinden.

Zusammen mit dem Beerdigungsunternehmer, der schon die Beerdigung meiner Großeltern organisiert hatte, saßen wir alle miteinander im Garten, meine Mutter, wir sechs Kinder, fünf Schwiegerkinder und zehn Enkel. Die Sonne schien, und wir beratschlagten, wie wir unseren Vater möglichst in aller Stille beisetzen könnten. Er sollte verbrannt und die Urne zu einem späteren Zeitpunkt im Familiengrab unserer Mutter auf dem Heidelberger Bergfriedhof beigesetzt werden. Auf jeden Fall wollten wir jeden Presserummel und größere Öffentlichkeit vermeiden. Der Bestatter versprach dafür zu sorgen, daß der Sarg schon vor der Zeremonie durch einen Hintereingang in die Kapelle getragen würde. Die Presse bekam natürlich dennoch von der Trauerfeier Wind, und wir mußten, um zur Kapelle zu gelangen, durch ein Spalier von Fotografen laufen. In der Kapelle blieb die Öffentlichkeit jedoch ausgeschlossen; der Sarg blieb nach Beendigung der Feier dort stehen, so daß niemand ein Foto von ihm machen konnte. Anschließend gingen wir mit meiner Mutter in das einsam gelegene Schützenhaus essen, in der Hoffnung, daß wir dort unter uns bleiben könnten. Außerdem hatten wir zum Schützenhaus eine besondere Beziehung, da die Großeltern Weber dort ihr Leben lang Mitglied gewesen waren und meine Großmutter oft von den Kaffeekränzchen und den großen Festlichkeiten erzählt hatte.

Viel später erst haben mich Zweifel beschlichen, ob es wohl richtig war, meinen Vater so klammheimlich zu bestatten. Nur die engste Familie, keine Freunde. Als wollten wir ihn, als wollten wir uns verstecken. Aber es gab nur die eine oder die andere Möglichkeit: heimlich oder in großem Rahmen, wozu dann auch die vielen dubiosen Bewunderer und Bewunderinnen gehört hätten, ganz abgesehen von den ungeliebten Medienvertretern.

Auch die Urnenbeisetzung fand im allerengsten Familienkreis statt. In der Zwischenzeit hatten wir Todesanzeigen verschickt, und das Grab war mit Kränzen und Blumen übersät. Das Wetter war uns freundlich gesinnt, meine Mutter, wir Kinder und Enkelkinder standen zusammen in der warmen Herbstsonne. Anders als bei der Trauerfeier in der Kapelle, bei der ich mich die ganze Zeit über die fromme Predigt geärgert hatte, fehlte uns diesmal die Form, ein Ritual. Da standen wir nun alle um das Grab herum, und

Die Urnenbeisetzung von Albert Speer im engsten Familienkreis, Heidelberg 1981

niemand wußte, was er tun, wie man die Situation füllen könnte. Wir konnten doch nicht einfach etwas singen! Die Urne setzten wir dann ohne Worte in das vorbereitete Erdloch. Nach einer Weile ließen wir uns auf der Wegbegrenzung nieder und schauten, jeder mit seinen Gedanken beschäftigt, auf das Grab.

Mein Vater wurde übrigens, das ist bezeichnend für das Verhältnis zu seiner Familie, im Familiengrab der Webers beigesetzt. Erst stand sein Name ganz unten auf dem Grabstein, später ließ meine Mutter, wiederum bezeichnend für sie, aber letztlich auch für seine Rolle, das umändern. Nun steht ALBERT SPEER ganz oben, und die Namen der Verwandtschaft sind nach unten gerutscht.

Mich hat sein Tod nicht schockiert. Er kam für ihn auf gewisse Weise zum rechten Zeitpunkt. Mit dem Buch von Matthias Schmidt (»Albert Speer. Das Ende eines Mythos. Speers wahre Rolle im Dritten Reich«), das im Jahr darauf erscheinen sollte, zeichnete sich der Beginn einer kritischen Gegenwelle zu dem von ihm selbst und wohlwollenden Biographen etablierten »Speer-Mythos« ab. Mein Vater ahnte die Angriffe, die kommen würden, und versuchte mit noch mehr Interviews gegenzusteuern. Ich fand, daß er alles gesagt hatte. Schließlich hatte er in den letzten Lebensjahren pausenlos – und beinahe distanzlos, so kam es mir jedenfalls vor – Auskunft erteilt und seine Interpretation der Geschichte und seiner eigenen Rolle im »Dritten Reich« viele Jahre lang weitgehend erfolgreich öffentlich behauptet. Sein großes Geheimnis, warum er mitgemacht und was er von den nationalsozialistischen Massenverbrechen gewußt hatte, nahm er mit ins Grab.

Meine Mutter überlebte meinen Vater um sechs Jahre. Sie hatte die Parkinsonsche Krankheit bereits zu seinen Lebzeiten. Trotz ihrer Erkrankung zog sie nach seinem Tod in das Haus im Allgäu, wo sie alleine lebte und wirtschaftete. Ich habe nie verstanden, warum sie in dieses Haus zurückkehrte, in seine »kleine Reichskanzlei« voller Erinnerungen. Wahrscheinlich war ihr keine Distanzierung von ihm und seinem Leben möglich, nicht einmal nach seinem Tod. Drei- bis viermal im Jahr besuchte ich meine Mutter. Das waren einsame und bedrückende Aufenthalte, weil es schwer war, an sie heranzukommen. Sie und wir Kinder waren nicht gewohnt, über ihren Kummer zu reden, so haben wir sie damit allein gelassen, so sehe ich das heute. Die Parkinsonsche Krankheit machte meiner Mutter mehr und mehr

Margarete Speer mit Enkelin Berta in einem Gasthaus im Allgäu, 1976

zu schaffen, ihr Gesicht wurde immer starrer, sie konnte die Hände kaum noch bewegen und lief nur noch stockend – früher war sie immer beweglich, agil und nie behäbig gewesen. Sie war sich ihrer zunehmenden Hilflosigkeit durchaus bewußt und litt darunter; das ganze Dorf drückte beide Augen zu, wenn »die Frau Speer« Auto fuhr, doch irgendwann ging auch das nicht mehr. Als es soweit war, im Dezember 1987, bedeutete ihr Tod dann eher eine Erlösung für sie und für uns.

Wieviel gelassener gestaltete sich ihr Begräbnis als das meines Vaters, bei dem Anspannung, Verkrampfung, Hilflosigkeit vorgeherrscht hatten. Gerade im nachträglichen Vergleich habe ich den Unterschied ganz deutlich vor Augen: Bei ihrem Begräbnis, zu dem viele alte Freunde und die ganze Verwandtschaft kamen, konnten wir unseren Gefühlen freien Lauf lassen, konnten traurig sein, sogar fröhlich, wie sie es sich wohl gewünscht hätte. Bei der Beerdigung meines Vaters lastete dagegen der Druck der gesamten Vergangenheit spürbar auf der Familie. Wir waren nur froh gewesen, daß alles vorbei war.

Meine Mutter ist ein bescheidener, großzügiger, fröhlicher Mensch gewesen, distanziert zwar, aber nicht unnahbar oder verklemmt. Sich zu umarmen und zu küssen, hatte sie in ihrer Jugend nicht erfahren, und so konnte sie es nicht weitergeben. Sie war sportlich, diszipliniert und sehr um Bildung bemüht, da sie selbst in jungen Jahren zu kurz gekommen war. Aber sie gab auch nicht vor, etwas zu sein, was sie nicht war. Bis ins Alter hinein hat sie versucht, Englisch zu lernen, ohne großen Erfolg. Uns Kinder hat sie immer darin bestärkt, daß wir die höhere Schule besuchten und studierten.

Vielleicht war unsere Erziehung so locker, weil sie gar nicht anders konnte. Vielleicht wollte sie uns eigentlich konventionell erziehen, gutes Benehmen, anständige Kleidung, ordentlich geschnittene Haare. Aber wir waren zu viele, sie kam mit der Erziehung nicht gegen uns an. Gelegentlich hat sie die Brüder verhauen, wenn sie sich nicht zu helfen wußte, mußte aber in den späteren Jahren oft selbst darüber lachen, wenn sie mit den heranwachsenden Jugendlichen nicht mehr fertig wurde. Ich bekam gelegentlich eine Backpfeife, wenn ich frech war. Das habe ich ihr lange verübelt, ich war gekränkt. Heute kann ich gut verstehen, daß sie manchmal explodiert ist und nicht weiterwußte, sie hatte im täglichen Leben die Verantwortung für sechs Kinder. Doch sie war nie nachtragend, hat uns »seelisch« nicht unterdrückt, hat nie Verweigerung oder Schmollen als Erziehungsmittel eingesetzt. Mit Recht war sie stolz darauf, daß alle Kinder das Abitur gemacht und studiert haben und daß sie im Beruf erfolgreich waren. Das ist alleine ihr Verdienst, die gelegentlichen Ratschläge aus dem Gefängnis waren keine konkrete Hilfe.

Für meinen Beruf hat sie sich allerdings nur oberflächlich interessiert, wie sie überhaupt kaum Fragen gestellt hat. Für das Problem, Beruf und Haushalt unter einen Hut zu bringen, hatte sie, glaube ich, wenig Verständnis. Sie wirkte immer leicht beleidigt, wenn sie in Berlin bei uns zu Besuch war und ich wegen der Fotografie nicht genug Zeit für sie hatte. Sie beschwerte sich nie, aber sie unternahm auch nichts alleine, sondern saß im Wohnzimmer, und ich hatte wieder einmal ein schlechtes Gewissen. Als positiv empfand ich immer, daß sie sich nie in meinen Haushalt einmischte, nie ein Wort darüber verlor, daß es nicht sauber genug sei, sie fing nicht an, die Küche zu putzen, Schränke auszuräumen oder im Garten zu arbeiten. Sie war einfach da, sie war zu Besuch und ließ sich bedienen. Ich fand das gut so, schließlich hatte sie sich jahrelang um die Enkelkinder gekümmert und uns in Heidelberg jederzeit mit offenen Armen empfangen. Lebhafter wurde sie, wenn meine Kinder aus der Schule kamen, mit ihnen unterhielt sie sich, lachte und spielte sie.

Über meinen Vater hat sie nie ein böses Wort fallen lassen, hat ihn aber auch nicht in den Himmel gehoben, ich vermute, weil sie darunter gelitten hat, daß sie mit ihm Teil des NS-Regimes gewesen war. Ich habe es jedenfalls immer so empfunden, daß ihr diese Zeit zutiefst peinlich war, daß sie sich schämte, auf diesen Glanz hereingefallen zu sein, und daß sie deswegen alle Gespräche über das Thema abblockte. Ich habe sie immer als völlig unpolitisch erlebt. Und daß sie über diese Zeit in ihrem Leben nicht reden wollte, kam mir entgegen, denn sonst hätte ich ja auch darüber nachdenken müssen.

Mein Weg zur Fotografie

Warum hatte ich mein eigenes Leben fast genau so eingerichtet wie meine Mutter ihres? Der Mann steht im Vordergrund; für die Frau, obwohl unentbehrliche Grundlage der männlichen Hauptrolle, bleiben die Kinder und der Haushalt. An wie vielen Abenden stellte ich mir diese Frage, wenn Hans nach einem langen Tag nach Hause kam und wir beide müde auf dem Sofa saßen. Trotz der vielen Arbeit fühlte ich mich nicht ausgelastet, war ich unzufrieden. Ich wollte mehr als Haushalt und Kinder. Schließlich hatte ich studiert, was meine Mutter mit aller Kraft unterstützt hatte. Ich steckte jedoch im Studium zugunsten der Karriere meines Mannes zurück, am Ende tippte ich noch seine Doktorarbeit, statt an meinen Abschluß zu denken; mit dem Schreiben wurde ich wenige Tage vor der Geburt unserer ersten Tochter Anne fertig.

Mein Leben lief auf eine Hausfrauenkarriere hinaus. Ich war oft deprimiert und träumte von einem eigenen Betätigungsfeld. Mein Mann erlebte die große Welt, und ich würde mein Leben lang im Haus putzen und fürs Essen sorgen, dachte ich manchmal verzweifelt. Natürlich folgte ich Hans gern nach Bagdad, dann nach Chicago, schließlich nach Berlin. Und innerhalb der Familie hatte ich mir meine Freiheiten erkämpft: die Erziehung der Kinder, die Planung von Reisen, die Organisation der Finanzen, die Gartengestaltung und Entscheidungen innerhalb des Hauses.

Hans half im Haushalt mit, doch die klassische Rollenteilung konnte das nicht aufheben: Beruf, Karriere, Einkommen und Prestige für den Mann, Haushalt und »treues Sorgen« für Mann und Kinder für die Frau – trotz so mancher Veränderung war das im Grunde nicht wesentlich anders, als ich es bei meiner Mutter gesehen hatte.

Die Studentenproteste Ende der sechziger Jahre und die damit einhergehenden Forderungen nach Emanzipation der Frauen erlebte ich nur bei meinen Besuchen in Deutschland. Ich schaute mir trotzdem einiges ab, was mir für mich und die Kindererziehung gut erschien. Zum Beispiel, Kinder als eigene Persönlichkeiten ernst zu nehmen und meine Kinder zu Selbständigkeit und Toleranz zu erziehen. Ich wollte, daß sie glücklich waren, gerne in die Schule gingen, daß sie immer möglichst motiviert waren.

1970 bekam Hans nach mehreren vergeblichen Versuchen von Chicago aus, wieder im Irak zu arbeiten, die Erlaubnis im Südwesten Irans archäologisch zu forschen. Ich nahm die Kinder aus der Schule, flog zu meiner Mutter nach Heidelberg, brachte Anne und Berta in einem Kinderheim im Odenwald unter, Karen und Nils blieben bei den Großeltern am Schloß-Wolfsbrunnenweg, und flog in den Iran. Die spontane Durchsetzungskraft, mit der ich mich der Kinder faktisch entledigte, um meine Freiheit zu haben und einmal dem Haushalt für längere Zeit zu entkommen, erinnert mich heute an die vielen Reisen meiner Mutter, als ich klein war. Vielleicht waren auch das, neben anderen Zwecken, die sie damit verfolgte, solche Fluchten gewesen. Im nachhinein kann ich daher ihre häufige Abwesenheit gut verstehen. Ich selbst habe allerdings heute noch ein schlechtes Gewissen, und meine Kinder warfen mir meine Reisen später als egoistisches Verhalten vor. Aber ich glaube, diese gelegentlichen Ausbruchsversuche halfen mir, das anstrengende Leben mit einem Mann, der sich in seiner Wissenschaft vergraben hatte, und vier Kindern besser durchzustehen. Die Reise war wunderbar, der Iran ist ein faszinierendes Land. Wir durchfuhren es drei Wochen lang zusammen mit einem amerikanischen Studenten in einem VW-Bus, besuchten Mesched, Sahedan, Bam, Persepolis, Schiras und Isfahan. Auf der Suche nach einer neuen Grabungsstelle für Hans kamen wir in die entlegensten Gebiete, bis an die russische Grenze in das Steppengebiet der Turkmenen. Hier wurde ich auch zum ersten Mal außerhalb der Familie als Fotografin gebraucht. Ich machte die Farbdias, die Hans später zur Vorbereitung seiner Grabung und für seine Vorlesungen benutzen konnte.

Noch im selben Jahr erhielt Hans einen Ruf als Professor an das Institut für Vorderasiatische Archäologie der Freien Universität Berlin. Das kam vollkommen überraschend, da er sich bei seiner Bewerbung keine Chancen ausgerechnet hatte. Wir waren nach Amerika ausgewandert und rechneten nicht damit, jemals wieder in Deutschland zu leben. In jedem Sommer waren wir zu den Großeltern geflogen, damit die Kinder sie nicht vergaßen. Nun verabschiedeten wir uns von Chicago, bevor wir die USA richtig hatten kennenlernen können.

Bei unserer Rückkehr nach Deutschland war Nils drei Jahre alt, Karen fünf, Berta sieben, Anne acht. Anne war genauso alt wie ich 1946, als mein Vater im Nürnberger Prozeß verurteilt worden war. Wie anders war ihr Leben bislang verlaufen. Sie hatte den Irak kennengelernt, in Bagdad mit den Kindern unseres Dieners Muchar gespielt und angefangen, Arabisch zu sprechen. Anne war in Chicago in die Schule gegangen, sprach besser Englisch als Deutsch, nun würde sie sich in Deutschland eingewöhnen müssen.

Der Wechsel nach Berlin brachte mich auch der ungeliebten Vergangenheit wieder näher. Der Schatten meines Vaters holte mich sofort wieder ein: Hier hatte er im Gefängnis gesessen, hier hatte ich ihn über zehn Jahre lang besucht, hier waren einige seiner Gebäude, nicht wenige von ihnen im Dienste einer menschenverachtenden Diktatur, entstanden, hier hatte er als Hitlers »Generalbauinspektor für die Reichshauptstadt« dessen Vision der Umgestaltung Berlins zur Welthauptstadt »Germania« immer noch sichtbare erste Konturen zu geben begonnen und dabei nicht zuletzt Tausende Berliner Juden aus ihren Wohnungen vertrieben. Von ihm entworfene Straßenbeleuchtungsmasten säumten immer noch die Bismarckstraße und die Straße des 17. Juni. In Berlin war er viel häufiger ein Gesprächsthema als in Chicago. Schon im Berufungsgremium der Freien Universität hatte es eine Diskussion um meine Herkunft gegeben. Man befürchtete Demonstrationen der linken Studentenschaft gegen die Berufung von Hans, was sich aber als unbegründet erwies.

Als wir nach Deutschland zurückkamen, war ich entschlossen einen beruflichen Weg zu finden, der mir mehr Zufriedenheit geben würde. Doch die ersten zwei Jahre blieben weiter ausgefüllt mit Haushalt, Kindern, Garten und den Tieren. Wir kauften ein Haus in Berlin-Zehlendorf, in der Milinowskistraße, wo es eine Menge zu renovieren und umzubauen gab. Wir machten fast alles selbst. Hans war ein guter Handwerker, er hatte bereits in Heidelberg und Chicago unsere Wohnungen umgebaut. Meine Aufgabe war es immer, die Türen und Fenster zu streichen. Ich mußte geeignete Schulen und Kindergärten suchen. Anne und Berta konnten nur rudimentär Deutsch schreiben, sie brauchten Nachhilfeunterricht. Aus Chicago hatten wir unseren Airdale-Terrier mitgebracht, im Laufe der Zeit kamen noch unzählige Katzen hinzu.

Ich liebte den Garten wild, mit vielen Blumen, am liebsten hätte ich einen Bauerngarten gehabt, mit Blumen und Gemüse gemischt, das wurde jedoch von der Familie abgelehnt, da die Kinder Rasen zum Spielen haben wollten.

In der neuen Schule lernte ich zwei Mütter aus der Nachbarschaft kennen, die das gleiche Problem hatten wie ich, keinen richtigen Beruf, mehrere Kinder und Männer, die in ihren Berufen aufgingen. Mit den beiden Frauen tat ich mich zusammen, wir hatten ähnliche Vorstellungen von der Erziehung, möglichst freizügig sollte sie sein, aber nicht anti-autoritär. Wir kochten von nun an abwechselnd für unsere Kinder. Mittwochs mußte ich für neun oder zehn Kinder kochen und mich um ihre Schulaufgaben kümmern, dafür hatte ich an zwei anderen Tagen frei. Mit Hilfe der improvisierten neuen »Großfamilie« konnte ich mich endlich nach etwas Eigenem umsehen.

Wie selbstverständlich entdeckte ich die Fotografie für mich, sie sollte mich auf einen eigenen Weg führen. Schon als Kind hatte ich gerne fotografiert und mir 1954 zu Weihnachten eine Kamera gewünscht. Ich bekam eine Voigtländer, mit der ich von da an die Familienfotos machte, die wir meinem Vater ins Gefängnis schickten.

Siebzehn Jahre später zog ich los und kaufte mir eine 6x6 Rolleiflex. Hans baute mir einen Raum im Keller als Dunkelkammer aus. Eine der anderen Mütter kannte sich mit Schwarzweiß-Fotografie aus und brachte mir bei, wie man fachgerecht entwickelte und vergrößerte.

An unseren gemeinsamen kinderfreien Tagen zogen wir durch Berlin und fotografierten Friedhöfe, Abbruchhäuser, den Abriß der alten Stadt. Das war unser Thema. Westberlin war voller Ruinen und morbider, verfallener Ecken. Wo man hinsah, wurde abgerissen oder saniert, in Wohn- und Industriegebieten. Mich interessierten die Gegend um den Potsdamer Platz und am Anhalter Bahnhof, das Gelände entlang der Mauer, das im Grenzstreifen gelegene Hotel Esplanade, die Kohlehalden der Berliner Senatsreserven auf dem Gelände des Potsdamer Güterbahnhofs, die Botschaftsruinen im Tiergarten, die Stadtsanierung im Wedding. Mit der Fotografie hatte ich etwas gefunden, das ich wirklich konnte. Doch es sollte noch ein paar Jahre dauern, bis ich damit auch Geld verdiente.

Als der Inbegriff des Luxus erschien es mir in jener Zeit, ganz alleine Mittagessen zu gehen, wenn ich unterwegs war, und das machte ich nun öfters, da ich ja zwei Tage mittags nicht kochen mußte. Ein Essen mit vier Kindern und Mann verläuft nie ruhig, ich war nervös vor Hunger, kam aber kaum zum Essen. »Margret, es fehlt das Salz«, »Nils hat sein Glas umgeschmissen«, »Mir schmeckt das nicht«, »Warum sind die Kinder nicht besser erzogen«, »Ich muß aufs Klo«. Im Restaurant sprach mich keiner an, ich streckte die Füße unter den Tisch, las eine Zeitschrift und ließ mich bedienen. Niemand wollte etwas von mir. Welche Ruhe! Welcher Luxus!

Die Großfamilie schenkte mir nicht nur zwei Tage in der

Familienbild mit Hund und Katzen, Berlin 1977

Woche, sondern ermöglichte mir auch weitere Reisen, unter anderem wieder in den Iran. Während einer archäologischen Unternehmung im Zagros-Gebirge im Westen Irans war der Fotograf ausgefallen, und Hans forderte mich als Ersatz an. Ich fotografierte Keramikscherben, aber auch Land und Leute. Die Kinder blieben so lange bei den befreundeten Berliner Familien.

Ich begann mich nach kleineren Jobs umzusehen. 1975 bis 1977 arbeitete ich stundenweise bei der Jugendzeitschrift »Blickpunkt«, brachte dort die Abonnentenkartei in Ordnung, schrieb Mahnbriefe. Es war mir fast egal, worin die Arbeit bestand, ich wollte nur raus aus dem Hausfrauen-

Das Haus in der Milinowskistraße, Berlin 1979

dasein und andere Menschen sehen. Die Anerkennung und das Lob taten mir gut. Vorher hatte ich mich auch um einen Studienplatz als Bibliothekarin bemüht, den ich sogar bekommen hätte. Ich mußte absagen, denn diese Art von Beschäftigung unterstützte Hans, der mir später bei der Fotografie sehr beistehen sollte, nicht. Er meinte in unseren ersten Berliner Jahren, es gäbe im Haushalt genug für mich zu tun, womit er nicht unrecht hatte. Doch ich war wütend auf ihn. Mir fiel die Decke auf den Kopf.

1979 bekam ich meinen ersten Fotoauftrag. Architekten hatten meine Schwarzweiß-Fotografien der Berliner Abrißhäuser gesehen und mir den Auftrag gegeben, im Rahmen eines Sanierungsprojekts in Neukölln alle Fassaden und die Hinterhöfe des Gebietes um den Richardplatz einschließlich des alten »Böhmischen Viertels« fotografisch zu dokumentieren. Ich mußte, um die Fassaden senkrecht ins Bild zu bekommen, mir eine neue Kamera mit Spezialobjektiv zulegen. Und ich mußte auf eine riesige Leiter steigen, um über die Autos hinwegzukommen und mit Hilfe eines hohen Stativs die Fassaden fotografieren zu können. Da stand ich nun, ganz oben auf einer Leiter in Neukölln, mitten im Autoverkehr, und machte Fotos. Ich war da angekommen, wo ich hinwollte. Endlich hatte ich mir etwas Eigenes zugetraut, hatte es geschafft, meine Unsicherheit und Selbstzweifel zu überwinden. Mit der Fotografie hatte ich etwas gefunden, das nur mir gehörte, wo ich mich zumindest nicht direkt mit anderen messen mußte. Ich stand ganz oben auf der Leiter und war stolz auf mich.

Von den Architekten wurde ich für meine Präzision gelobt. Mit 41 Jahren begann ich als Fotografin zu arbeiten.

Berlin war von der Mauer umgeben, was uns nicht sonderlich störte und auf heute nur noch schwer vermittelbare Weise »normal« war. Zu Ferienbeginn, möglichst am ersten Ferientag, das Auto wartete schon gepackt, wenn die Kinder

Margarete und Albert Speer mit Hans Nissen und den Enkelkindern, Heidelberg, 1975

Der 70. Geburtstag Margarete Speers, Heidelberg 1975

aus der Schule kamen, verließen wir die Stadt. Der Grenzübergang war überfüllt, man traf viele Freunde und Schulkameraden im »Stauraum Dreilinden« wieder und wartete geduldig zusammen auf die Ausreise über die Transitstrecke durch die DDR. Wir fuhren zu den Großeltern nach Heidelberg. Sie erwarteten uns freudig und beschwerten sich nie darüber, daß wir mehrmals im Jahr zu sechst auftauchten. Die Betten waren immer gerichtet, Fräulein Klara und Rösl waren noch immer bei der Familie. Auch mein Vater, freundlich wie immer, freute sich, uns zu sehen. Seit dem Erscheinen seiner »Erinnerungen« 1969 war er erfolgreicher Buchautor. Meine Tochter Berta half ihm seine Bücher zu signieren, indem sie ihm die richtige Seite aufschlug und das Buch reichte. Sie liebte es, sich bei Interviews in das Arbeitszimmer zu schleichen und zuzuhören. Von dem, was gesprochen wurde, verstand sie nichts, aber die Atmosphäre faszinierte sie. Ich hielt mich von all dem fern, lehnte jede Interviewanfrage strikt ab. Ich wollte immer noch nichts wissen.

Der Alltag in der Milinowskistraße ging weiter. Die Kinder wurden größer, sie hatten keine Schwierigkeiten in der Schule, bis auf Berta, die etwas verträumt war. Anne und Berta kamen aufs Gymnasium, Karen und Nils in die Grundschule. Unser Leben spielte sich größtenteils innerhalb der neuen Großfamilie ab, wir feierten alle Feste zusammen, außer Weihnachten, machten Ausflüge, fuhren in den Winterferien zusammen nach Schweden oder in den Frankenwald. Die Sommerferien verbrachte jede Familie für sich. Alle Kinder, sieben Mädchen und zwei Jungens, erfanden mit viel Phantasie immer neue Theaterstücke oder Modenschauen.

Ich hielt alles mit der Kamera fest. Meine Familie diente mir als Übungsobjekt, ich wollte besser fotografieren lernen. Schon früher hatte ich erkannt, daß ich ohne zusätzliche Hilfe zu wenig Zeit für mich hatte, und suchte nach den guten Erfahrungen mit Jim in Chicago daher wieder einen Studenten als Babysitter. Diesmal war es ein norwegischer Medizinstudent, Jan-Olaf, der unabhängig von uns mehrere Jahre im Souterrain wohnte. Er war fröhlich und voller Geschichten. Die Kinder ließen sich viel lieber von ihm ins Bett bringen als von mir.

Ich nahm an Hans' Leben in der Universität teil, ging zu den wissenschaftlichen Vorträgen, kannte die Kollegen und Studenten. Als wir 1971 nach Berlin kamen, waren die Auseinandersetzungen zwischen den politischen Lagern wegen der Uni-Reformen noch in vollem Gange. Wegen seiner liberalen Haltung wurde Hans von den mehrheitlich konservativen Kollegen in den altertumswissenschaflichen Fächern angefeindet. Dies führte zur Bildung eines Gesprächskreises liberaler und linker Professoren, aus dem der sogenannte »Dienstagskreis« hervorging, der heute noch eine Rolle an der Freien Universität spielt. Das Gründungstreffen fand in unserem Wohnzimmer statt.

Aber die beginnenden siebziger Jahre waren, nach dem Abebben der Studentenbewegung, auch die Zeit des Linksterrorismus in der Bundesrepublik und der staatlichen und öffentlichen Reaktionen darauf. Die allgemeine Hysterie ging so weit, daß nach der Entführung des Berliner CDU-Politikers Peter Lorenz 1975, zu der sich die »Bewegung 2. Juni« bekannte, auf der Suche nach möglichen Verstecken auch unser Keller durchsucht wurde.

Um diese Zeit beruhigte sich die Lage an der Universität bereits wieder. Der Dienstagskreis nominierte den neuen Universitätspräsidenten, und Hans wurde einer der Vizepräsidenten. Das erhöhte nicht gerade seinen Einsatz für den Haushalt, er war nun noch mehr weg als vorher.

Die Selbstbestimmungsdiskussionen der siebziger Jahre machten auch vor unserer Großfamilie nicht halt. Eines

Tages bildeten die neun Kinder im Alter von vier bis neun ein Parlament und beschlossen, ohne die Eltern zusammen in einem der Häuser zu leben. Unser Haus wurde ausgesucht. Auf mein Drängen hin durfte wenigstens Jan-Olaf im Keller wohnen bleiben. Hans und ich zogen ins Nachbarhaus, und ich sah die ganze Nacht im Geiste unser Haus brennen. Das radikaldemokratische Experiment dauerte nur anderthalb Tage, denn die Älteren kommandierten und unterdrückten die Kleineren, und die hatten daraufhin keine Lust mehr.

1980 bereitete ein Team von jungen Wissenschaftlern im Auftrag der Berliner Festspiele eine große Ausstellung zur Geschichte Preußens vor. Zu diesem Zweck wurde der Martin-Gropius-Bau, das direkt an der Mauer gelegene ehemalige Kunstgewerbemuseum, provisorisch wiederhergerich-

Margret Nissen, Selbstbildnis als Fotografin, Berlin 1980

tet. Eine Bekannte erzählte mir, daß dort noch ein Fotograf gesucht würde. Bei solchen Gelegenheiten noch immer aufgeregt, ging ich mit einer Schachtel meiner Berlin-Aufnahmen ins Ausstellungsbüro und stellte mich vor. Die Fotos wollte keiner sehen, statt dessen fragte man mich, ob ich mit großformatigen Kameras umgehen oder Reproduktionen aus Büchern herstellen könne. Ich sagte zu allem ja, obwohl vieles für mich schlichtweg neu war. Vom Farbfotografieren mit Kunstlicht hatte ich keine Ahnung, eine Großkamera besaß ich gar nicht.

Ich bekam den Auftrag, die Fotos für den Katalog vorzubereiten. Ich kaufte mir einschlägige Lehrbücher und die entsprechende Ausrüstung. Meine gelegentlichen Ängste zu versagen sah man mir zumindest nicht an. Das Team bestand aus netten jungen Leuten, mit denen ich mich schnell anfreundete.

Seit dem Fotografie-Auftrag in Neukölln unterstützte auch Hans meine Arbeit als Fotografin und half mir, neue Geräte auszusuchen. Bei technischen Problemen aller Art half er mir. Er war überzeugt davon, daß Fotografieren das richtige für mich sei. Auch die Kinder wurden von mir eingespannt. Manchmal saß die ganze Familie am Eßtisch und beschnitt Fotos oder beschriftete sie. Ich hatte die Unterstützung meiner Familie, auch in dem Sinn, daß sich niemand beklagte, weil ich wenig zu Hause war und sie oft selbst einkaufen und kochen mußten. In dieser Zeit veränderte ich mich. Ich verdiente eigenes Geld und baute auch einen eigenen Freundeskreis auf. Nun hatte ich auch Gesprächsthemen, die nicht ausschließlich mit dem Beruf meines Mannes, mit Haushalt und Kindern zu tun hatten. Ich war freier, vielseitiger und selbstbewußter geworden.

Nach der Eröffnung von »Preußen – Versuch einer Bilanz« 1981 beauftragte man mich, alle Räume der Ausstellung zu dokumentieren. Damit gehörte ich nun zum Team der Berliner Festspiele und betreute zahlreiche weitere Projekte als Fotografin, darunter 1985 die große China-Ausstellung, 1987 die zentrale Ausstellung »Berlin, Berlin« zur 750-Jahr-Feier der Stadt sowie 1992 die »Jüdischen Lebenswelten«.

1986/87 war, im Verbund mit »Berlin, Berlin«, auf dem dem Martin-Gropius-Bau benachbarten »Prinz-Albrecht-Gelände« die provisorische Ausstellung »Topographie des Terrors – Gestapo, SS und Reichssicherheitshauptamt« entstanden. Auf dem riesigen Trümmergrundstück waren die baulichen Überreste der ehemaligen Berliner Kunstgewerbeschule und des Prinz-Albrecht-Palais freigelegt worden, in denen von 1933 bis 1945 die Zentralen der Geheimen Staatspolizei und des Sicherheitsdienstes (SD) der SS ihren Sitz gehabt hatten. Hier hatten die Schreibtische des »Reichsführers-SS« Heinrich Himmler, des Chefs der Geheimen Staatspolizei und des SD Reinhard Heydrich und vieler anderer Organisatoren der nationalsozialistischen Massenverbrechen gestanden. Die auf dem Gelände durchgeführten Grabungen interessierten mich, und ich machte seit Beginn der Arbeiten, auch schon in den Jahren zuvor im Kontext der Preußen-Ausstellung, zahlreiche Aufnahmen. Da ich schon für die Berlin-Ausstellung arbeitete, wurde ich schließlich gefragt, ob ich auch für die »Topographie« fotografieren könne.

Ich zögerte zuerst. Für mich war dies nicht irgendein »Job«. Die Dokumentation der Geschichte der Täter an ihrer früheren Wirkungsstätte lag so nah an meiner Familiengeschichte wie keine andere Arbeit während meiner Jahre als Fotografin. Ich sagte aber schließlich doch zu und übernahm von 1987 bis 2000 die meisten Fotoarbeiten für die spätere »Stiftung Topographie des Terrors«. Von Beginn an, wie auch schon während der Arbeit für »Berlin, Berlin«, stand ich vor der gefürchteten Frage: Wer weiß es, wer nicht? Spricht man mich darauf an? Einmal war ich mit einem der Autoren der Ausstellung im Koblenzer Bundesarchiv, um für ihn zu fotografieren. Auf einem der recherchierten Fotos erkannte ich mich selbst, als Kind auf dem Berghof am Obersalzberg. »Das bin ich«, sagte ich spontan. »Wieso bist Du das?«, fragte der Kollege völlig entgeistert. Ich erzählte ihm, wer mein Vater war. Viel haben wir darüber nicht gesprochen, und mir ist bis heute nicht klar, warum ich damals mein sonst so striktes Schweigen gebrochen habe. Ich war erstaunt, daß er nicht näher darauf einging. Da wurde mir zum ersten Mal bewußt, daß ich nun eine andere Generation vor mir hatte, die die NS-Zeit nicht mehr so direkt betraf wie meine Generation.

Die Mitarbeiter beider Ausstellungen waren in der Regel wesentlich jünger als ich und konnten mit der belasteten deutschen Vergangenheit deutlich weniger befangen und distanzierter umgehen als ich. Sie waren vor allem auch in der Lage, eine professionelle Distanz aufzubauen, die mir manches erleichterte. Anfängliche Berührungsängste von meiner Seite bauten sich ab, ich war im Team gut aufgenommen, bewegte mich sicherer als sonst. Einmal wurde ich sogar gefragt, ob ich nicht helfen könne, auf einem zu Hitlers Geburtstag am 20. April 1943 entstandenen Foto die dort mit ihm abgebildeten Kinder zu identifizieren. Es ging darum, die Bormann-Kinder von den Speer-Kindern zu unterscheiden. Bereits vorher hatte mich ein für die Berlin-Ausstellung recherchiertes Dokument mit meiner Lebensgeschichte in kaum überbietbarer Direktheit konfrontiert. Einer der Mitarbeiter war auf einen Brief gestoßen, in dem mein Vater Hitler meine Geburt anzeigte.

Später erkannte einer der wissenschaftlichen Mitarbeiter der »Topographie« bei einem Besuch in der Milinowskistraße meinen Vater auf einem Familienfoto, ging jedoch weg, ohne mich danach zu fragen. Erst Jahre später, als aus der Arbeitsbegegnung eine Freundschaft geworden war, erzählte er mir davon. Ich war dankbar, daß er mich damals nicht darauf angesprochen hatte. Ich fühlte mich zwar in solchen Situationen nicht mehr so hilflos wie früher und hatte ja auch erste Versuche gemacht, dem für mich traumatischen Gegenstand offener zu begegnen, sprach aber nach wie vor nur sehr ungern darüber. Schweigen war mir auch damals noch das liebste. Aber meine Angst, daß mein Mädchenname entdeckt würde, hatte doch spürbar abgenommen. Ich fühlte mich menschlich akzeptiert, so wie ich war, und fachlich respektiert für das, was ich konnte. Ich fertigte Reproduktionen von Fotos an, auf denen die schrecklichsten Dinge abgebildet waren, aber eigentlich, ohne richtig hinzusehen. Diese unglaublich grausamen Fotografien des Krieges waren unerträglich für mich, und ich vermied es, die dazu gehörenden Texte zu lesen. Ich glaube, ich habe den Inhalt dieser Fotos ausgegrenzt und mich mit dem, was sie zeigten und was sie bedeuteten, nicht auseinandergesetzt. Ich habe sie aufgenommen, vergrößert, gesehen und doch nicht angeschaut. Wenn man als Reprofotografin arbeitet, kann man über die Fotos hinweggehen, sie bearbeiten, ohne sie wirklich in sich aufzunehmen. Scharf, unscharf, Ausschnitt, hell, dunkel, Hauptsache ein gutes Repro. Ich wollte nicht über diese Bilder nachdenken, wollte vermeiden, mit Dingen konfrontiert zu werden, für die mein Vater vielleicht mitverantwortlich gewesen war oder von denen er möglicherweise gewußt hatte. Auch zu Vortragsveranstaltungen der »Topographie« gehe ich bis heute kaum, weil ich die intensive Darstellung und Diskussion der belasteten Vergangenheit nicht aushalte, immer noch aus schlechtem Gewissen, aus dem Gefühl, doch irgendwie beteiligt gewesen zu sein.

Inzwischen wuchsen die Kinder heran. Anne hatte 1981 Abitur gemacht und studierte Medizin, Berta war im letzten Gymnasialjahr. Es wurde für mich immer einfacher, mit

Die ehemalige Kunstgewerbeschule, heute Martin-Gropius-Bau, Berlin 1984

Hans wegzufahren. Eine fast zweimonatige Reise führte uns 1982 nach Pakistan, damals touristisch noch kaum erschlossen. Wir durchquerten das ganze Land, von Karachi im Süden bis nach Hunza und ins obere Indus-Tal im Karakorum; atemberaubende Berglandschaften im Schatten des »K2«, eines der höchsten Gipfel im Karakorum.

Für das darauffolgende Jahr hatte Hans vom Direktor des Antikendienstes die Erlaubnis erhalten, eine archäologische Untersuchung im Süden des Landes durchzuführen. Auf die Frage, ob er Studenten mitnehmen könne, bekam er die knappe Antwort »Only you and Missis«. Wir nahmen unseren jüngsten Sohn Nils als Arbeitskraft mit; er sollte Scherben sammeln helfen, und ich sollte sie fotografieren. Hans und Nils kauften im Bazar einen gebrauchten, hellblauen achtsitzigen Jeep, mit dem wir die Reise in das unbekannte und zum Teil unwegsame Gelände begannen. Die Untersuchung erwies sich als mühsam und nicht sehr ergiebig, doch es entstanden eindrucksvolle Fotos, diesmal in Farbe.

1985 arbeitete ich für die Ausstellung »Berlin durch die Blume oder Kraut und Rüben« von Marie-Louise Plessen und Daniel Spoerri. Gezeigt werden sollte Gartenkunst in Berlin-Brandenburg, und ich bekam eine lange Liste von Gutshäusern und Parks in der DDR, die man mich bat zu fotografieren. Dieser Auftrag erforderte viele Tagesfahrten in die DDR, die ich in Begleitung verschiedener gartenbegeisterter Freundinnen unternahm.

Als Berliner brauchte man zwei Ausweise. Mit einem westdeutschen Reisepaß konnte man jederzeit ohne vorherige Anmeldung nach Ostberlin fahren, zum Beispiel zu Museumsbesuchen. Schwieriger war es, in die DDR einzureisen, wenn man keine Einladung von Verwandten hatte.

Als Westberliner konnte man mit dem Berliner »Behelfsmäßigen Personalausweis« mehrere Tagesreisen nach Ostberlin und in die DDR beantragen; es bedeutete allerdings, lange in der Schlange zu stehen und etliche Formblätter auszufüllen. Aber dann ging es, ausgerüstet mit Thermosflasche und belegten Broten, los. Mit vollem Tank, denn Tankstellen gab es nur wenige, ungenügendem Kartenmaterial und Reiseführern machten wir uns auf die Suche nach Schlössern und Parks.

Viele der zahlreichen Schlösser und Gutshäuser im Gebiet der ehemaligen DDR waren damals auf Karten nicht verzeichnet. Für uns war es ein Abenteuer, sie zu finden. Einmal landeten wir auf unserer Suche vor der Kanone eines sowjetischen Panzers. Wir waren in ein sowjetisches Übungsgebiet geraten. Aber die Russen wiesen uns freundlich den Weg zurück. Ein anderes Mal konnten wir im Dunkeln den Grenzübergang nicht finden, denn er war nicht auf der

Karte eingezeichnet, und von der Ostseite her natürlich nicht ausgeschildert. Auch die Anwohner, die wir trafen, hatten keine Ahnung, wo es nach »Berlin-West« ging.

Die Schlösser und Gutshäuser befanden sich oft in einem verheerenden Zustand und wurden als Altersheime, Krankenhäuser, für Stadtverwaltungen, als Schulen oder Erholungsheime genutzt. Im Schloß Paretz, vor 200 Jahren von dem Architekten Gilly gebaut, war ein »VEB Tierzucht« untergebracht, das Schloß kaum mehr zu erkennen. Nur einige Schlösser und Parks wurden als Prestigeobjekte in Ordnung gehalten, wie Schloß Branitz bei Cottbus und Schloß Muskau an der Neiße. Die meisten Gebäude konnte man nicht betreten, man kam nicht einmal in ihre Nähe, wie in Wiepersdorf und Oranienburg.

Mein Leben war hektischer geworden. Manchmal erhielt ich mehrere Aufträge gleichzeitig, ich hatte mir in Berlin einen Ruf als zuverlässige Fotografin erworben. Das Geld, das ich verdiente, konnten wir gut gebrauchen, denn mit zeitweise vier Kindern gleichzeitig im Studium reichte auch das Gehalt eines Professors nicht.

Das Haus in der Milinowskistraße leerte sich allmählich. Anne heiratete 1985 ihren langjährigen Freund Hendrik, den sie schon aus der Schule kannte, und zog aus. Berta studierte Architektur in Berlin und wohnte allein in der Stadt. Karen und Nils machten 1987 Abitur. Karen studierte Wirtschaftswissenschaften in Berlin, übernahm Bertas Wohnung nach deren Umzug nach Hamburg. Nils ging ein Jahr nach Washington zu Freunden, bevor er in Berlin sein Studium der Elektrotechnik begann. Ende 1988 waren schließlich alle Kinder aus dem Haus. Ich war froh, den ewig unruhigen Haushalt mit den heranwachsenden Jugendlichen, deren wechselnden Freundschaften und den unregelmäßigen Essenszeiten los zu sein.

Einige Sommer in der zweiten Hälfte der achtziger Jahre verbrachte ich als Grabungsfotografin in Jordanien. Dort wurde von Hans eine Siedlung aus dem 8. vorchristlichen Jahrtausend ausgegraben, zwischen den Häusern des modernen Beton-Dorfes Basta, das auf die neolithische Siedlung gesetzt worden war. Von Grabungsromantik konnte keine Rede sein; wir lebten beengt zwischen nicht immer freundlichen Bewohnern. Dafür waren die jordanischen Grabungskollegen von ausgesuchter Herzlichkeit, das internationale Team der studentischen Mitarbeiter war nett und lustig, doch ich fühlte mich inzwischen viel zu alt für das studentische Leben. Außerdem wurde ich nach einer Weile nervös und fürchtete, als freiberufliche Fotografin Aufträge zu verpassen oder vergessen zu werden. Es drängte mich zurück nach Berlin.

Wir hatten schon lange davon gesprochen, nach dem Auszug der Kinder vom Zehlendorfer Stadtrand in die Innenstadt zu ziehen. Nun war der Zeitpunkt gekommen. Über Freunde erfuhren wir durch Zufall von einer großen Wohnung in einem gründerzeitlichen, stuckverzierten Haus in der Nähe des Winterfeldtplatzes. Es war schon immer mein Traum gewesen, in dieser Gegend in einem solchen Haus mit steiler Marmortreppe hinter einem schmiedeeisernen Portal zu wohnen. Zum ersten Mal bauten wir nicht selbst um, sondern beauftragten einen Architekten; ich bekam im Berliner Zimmer meine erste moderne Küche mit allem Komfort, außerdem ein eigenes Arbeitszimmer und eine kleine Dunkelkammer. Für mich begann ein neuer Lebensabschnitt. Ich hatte immer in Häusern mit Garten gewohnt und hatte allein zu Hause oft Angst gehabt. Nun genoß ich die Menschen um mich herum, den Blick in den Hinterhof mit seinen abends erleuchteten Fenstern, die schnelle Erreichbarkeit von Kinos, Geschäften und Restaurants.

In Berlin-Charlottenburg, etwas verborgen hinter dem Ägyptischen Museum, befindet sich die »Abgußsammlung antiker Plastik der Freien Universität«. Der Leiter der Sammlung ist kunstbegeistert und veranstaltet zwischen den weißen Gipsstatuen Ausstellungen moderner Kunst. Seine Ausstellungsräume sind bei Künstlern sehr begehrt. Eines Tages stellte er mir einen Termin im Frühjahr 2002 für eine Präsentation meiner Fotografien zur Verfügung. Als Thema bot sich eine Dokumentation der Reste der alten Gipssammlung des Pergamon-Museums an, die in den Kellergewölben den Krieg und die DDR-Jahre mehr oder weniger beschädigt überlebt hatten. Die Keller sollten nach der Wende ausgeräumt werden, und so hatte mich 1992 der Direktor des Antikenmuseums beauftragt, den aktuellen Zustand zu dokumentieren. Ich wurde in einzelnen Abschnitten der weitverzweigten Kellergewölbe eingeschlossen und nach ungefähr einer Stunde wieder abgeholt, um in die nächsten Räume geführt zu werden. Es war gruselig, doch zum Fürchten blieb keine Zeit, denn für das Fotografieren standen mir nur wenige Stunden zur Verfügung, und ich mußte alle Aufnahmen mit Stativ und ohne zusätzliche Beleuchtung oder Blitzlicht machen.

Für die Ausstellung wählte ich als Kontrast dazu Fotos aus einer Serie von Kohlehalden aus, die ich 1980 auf dem Gelände des ehemaligen Potsdamer Güterbahnhofes fotografiert hatte. Nach der Berlin-Blockade waren dort sogenannte »Senatsreserven« angelegt worden, um Westberlin für den Fall einer erneuten Krise längere Zeit mit Brennstoffen versorgen zu können.

In der Zwischenzeit hatte sich für Fotografen einiges gewandelt. Das schwarzweiße Agfa-Papier, das ich immer benutzt hatte, wurde nicht mehr hergestellt, überwiegend benutzte man nun Kunststoffpapier, und die digitale Fotografie setzte sich immer mehr durch. Ich wollte mich mit der Ausstellung nicht blamieren, es sollte alles professionell aussehen. Ohne digitale Bearbeitung der Aufnahmen war das gar nicht mehr möglich. Eine Druckerei sollte die digitalisierten Fotos ausdrucken. Ich war wieder einmal übernervös, aber es klappte alles, und die großformatigen Prints sahen zwischen den antiken Gipsen sehr eindrucksvoll und geradezu würdig aus.

Ich habe mich nie als künstlerische Fotografin gefühlt und betrachtete meine Fotografie immer als Handwerk, das ich perfekt beherrschte. Ich mußte jedoch nie ausschließlich von der Fotografie leben und wie die meisten freien Fotografen um Aufträge kämpfen. Besonders gerne fotografierte ich Gebäude und Innenräume. Ich sah einen Bau oder betrat einen Raum und wußte sofort, wie man ihn fotografieren mußte. Es kam mir entgegen, daß ich die Arbeit allein machen konnte, ohne mit anderen Kontakt aufnehmen zu müssen. Räume, Gebäude, Gegenstände, das war meine fotografische Welt. Menschen zu fotografieren fiel mir schwerer und interessierte mich auch nicht wirklich. Ich habe daher kaum Personenporträts gemacht, außer von Familienmitgliedern. Meinen Vater fotografierte ich allerdings nur selten. Warum? Einerseits dachte ich, es gebe ja ohnehin genügend Leute, die ihn fotografierten und fotografiert hatten – er stand nach seiner Entlassung 1966 oft im Rampenlicht. Andererseits hätte das für mich auch die Überwindung jener Distanz zwischen uns vorausgesetzt, die wir beide als unüberbrückbar akzeptiert hatten. Wenn ich ihn hätte fotografieren wollen, hätte das wie ein Angriff auf den »Distanzvertrag« gewirkt, den wir nach meinem heutigen Empfinden auf Gegenseitigkeit und Dauer geschlossen hatten. Hätte ich professionell Fotos von ihm gemacht, hätte ich mich zudem seiner prüfenden Reaktion auf meine Bilder gegenübergesehen. Gab es bei mir möglicherweise auch eine Furcht, seinen Ansprüchen dann vielleicht nicht genügen zu können? In jedem Fall hätte es zeitweise eine Nähe erfordert, die ich mir wohl nie zugestand, so sehr ich sie auch gewünscht haben mag. Allein die Vorstellung, seinem Abbild auf den Abzügen in der Dunkelkammer, in der Entwicklerschale liegend, zu begegnen, erscheint mir absurd.

Im Laufe der neunziger Jahre wurden die Aufträge weniger. Die Geräte waren schwer zu tragen, der Streß, gute Qualität abzuliefern, wurde immer größer. In den letzten Jahren arbeitete ich fast nur noch für das Deutsch-Russische Museum in Berlin-Karlshorst und für die »Topographie des Terrors« auf dem ehemaligen Gestapogelände. Beides keine angenehmen Themen, besonders nicht für mich.

2000 gab ich das Gewerbe auf, ich pensionierte mich selbst, wie ich es immer nenne. Ich verkaufte die großformatige Kamera und das dazugehörende Vergrößerungsgerät und gab auch die übrigen Kameras und Objektive weg. Mir blieb eine Leica M 6, Traum eines jeden Fotografen, mit der ich seither ausnahmslos privat fotografiere – am liebsten die Kinder und Enkelkinder.

Wie sehe ich es heute? Am Obersalzberg, 59 Jahre später

Im Frühjahr 2004, während der Arbeit an diesem Buch, bin ich noch einmal an den Ort meiner Kindheit zurückgekehrt, um zu sehen, wie mein »Paradies« am Obersalzberg heute aussieht. Ich wollte die Bilder kindlicher Erinnerung überprüfen, mich Ihnen dort aussetzen, wo sie entstanden sind, wollte sehen, wie dieser Ort heute auf mich wirkt, ob die Bilder vor seinem Hintergrund wieder erscheinen, ob sie zahlreicher und schärfer werden oder ob sie eher verschwimmen.

Während die baulichen Überreste von Hitlers Berghof heute vollständig abgetragen sind, stehen unser Haus und das Ateliergebäude meines Vaters noch an ihrem Platz. Beide scheinen mir nur geringfügig verändert. Das ehemalige Wohnhaus des Kunstmalers Waltenberger gehört zu den wenigen Gebäuden am Obersalzberg, die nach dem Aufkauf durch Bormann 1937 nicht abgerissen wurden. Es steht frei, mit guter Sicht. Bei klarem Wetter reicht der Blick bis Berchtesgaden und zum Watzmann. Eine Familie aus Südafrika wohnt jetzt dort, bei der ich mich erst telefonisch nach der Adresse erkundigen mußte, bevor ich hinfuhr. Die Anschrift war mir völlig fremd, für uns Kinder hatte das Haus einfach immer »Obersalzberg« geheißen.

In den fünfziger Jahren war ich schon einmal dagewesen, mit dem Fahrrad, alleine von München aus, und war um das Haus geschlichen, da ich zu schüchtern war, bei fremden Leuten zu klingeln. Heute fühle ich bei der Begegnung mit dem Ort nichts Besonderes. Ich finde mich sofort zurecht, trotz der Veränderungen, erkenne die Steintreppe wieder,

Margret 1941 auf der Treppe hinter dem Haus am Obersalzberg

Auf derselben Treppe im Jahr 2004

auf der ich als kleines Mädchen oft gesessen habe, sehe mich auch sofort wieder als Kind auf den Wiesen herumtoben.

Aber gleichzeitig ist alles sehr weit weg. Fast sechs Jahrzehnte liegen zwischen damals und heute. Der alte Zugang zum Haus ist zu einer Terrasse erweitert worden; von dort blicke ich schräg hinunter auf das frühere Atelier meines Vaters, staune, wie nah es mir nun scheint. Die Entfernungen sind in meiner Erinnerung größer, die Häuser dagegen kleiner als in Wirklichkeit. Die erwachsene Tochter des Hauses führt uns durch die Innenräume. In Wohn- und Eßzimmer und den Schlafzimmern meiner Eltern sind noch die Holzverkleidungen der Decken und Wände so erhalten, wie mein Vater sie gestaltet hatte. Ich halte die alten Entwürfe meines Vaters in der Hand, zeige sie der jungen Frau, die sie mit Interesse betrachtet. Statt des steilen Kiesweges vor dem Haus führt heute ein asphaltierter Weg zu einem Parkplatz hinter dem Haus. Dort stehen drei Autos. Ohne Auto läßt sich hier schlecht leben, alles ist weit weg, das Gelände des Obersalzberges weitläufig.

Als Kind wurde ich noch zu Fuß hinunter zum »Gutshof« geschickt. Heute erscheint mir das sehr weit, selbst für Erwachsene. Der von Martin Bormann als »nationalsozialistischer Musterbetrieb« errichtete Gutshof, bei dem ich Milch holen mußte, ist weitgehend erhalten. Ich finde noch ein Schild aus den Jahren der Nutzung durch die Amerikaner und fotografiere es. Ein Golfclub hat sich hier angesiedelt, das ausgedehnte Terrain dient als Parcours. Sportlich gekleidete Menschen kommen mir mit ihren Golfschlägern entgegen, schicke und teure Autos stehen auf dem großen Parkplatz vor dem früheren Kuhstall. Vom Terrassencafé aus kann man die hügelige Anlage überblicken, ganz rechts müßte Hitlers Teehaus gelegen haben.

Die Öffnung des historischen Areals am Obersalzberg für den Tourismus ist bis heute umstritten. Nach dem Krieg hatten es die Amerikaner bis in die neunziger Jahre als Erholungsgebiet genutzt. Heute kommen jährlich Hunderttausende Besucher auf den Obersalzberg und zum »Kehlsteinhaus«, das Hitler auf dem über dem Obersalzberg thronenden Kehlstein errichten ließ. Auch wir machten als Kinder Ausflüge dorthin.

Ich wandere quer über die Wiesen hinter dem Haus und suche die innere Absperrung auf dem Weg zu Hitlers Berghof. In meiner Erinnerung sehe ich den Zaun und den Wachtposten. Ich halte Ausschau nach Anhaltspunkten für eine Orientierung, stoße aber in dem völlig überwachsenen Gelände lediglich auf unseren alten Rodelweg nach Berchtesgaden und auf Mauerreste, von denen ich nicht weiß, wozu sie gehörten.

Über einen schmalen Waldweg komme ich schließlich zu der Stelle, an der Hitlers Berghof gestanden haben muß.

Der ehemalige Gutshof am Obersalzberg, 2004

Hinweisschilder finde ich nicht, sichtbar sind ein paar Fundamente. Ich erkenne den mir von Fotos bekannten Blick auf den Untersberg, wie er sich aus dem großen Panoramafenster des Berghofs geboten hat. Bergaufwärts, an der Stelle, wo früher die Häuser Görings und Bormanns gestanden haben müssen, sieht man die Umrisse eines großen Krans. Der Bau eines Luxushotels ist dort im Gang.

Die nächste Station meines Besuchs auf dem Obersalzberg fällt mir schwer. Ich betrete die vom Münchener »Institut für Zeitgeschichte« konzipierte Dauerausstellung »Dokumentation Obersalzberg«. Seit 1999 werden dort die Jahre des Nationalsozialismus in ihrem orts- und zeitgeschichtlichen Kontext dargestellt.

Ich habe es bisher möglichst vermieden, Ausstellungen zu NS-Themen zu besuchen, und betrete auch jetzt das Gebäude mit gemischten Gefühlen. Der Besuch ist für mich kein normaler Ausstellungsgang, er wird zu einer Begegnung mit meinem Vater, in seiner historischen Rolle. Sehr lange habe ich versucht, ihn als historische Figur aus unserem Verhältnis zueinander herauszuhalten, diese quasi von ihm abzuspalten.

Im ersten Ausstellungsraum steht ein großen Modell des Obersalzbergs. Mit Druckknöpfen lassen sich kleine Lämpchen bedienen, die die historischen Gebäudestandorte zum Aufleuchten bringen und so dem Besucher eine bessere Orientierung ermöglichen. Ich drücke auf »Speer-Haus« und rechts oben auf dem Modell leuchtet ein kleines Häuschen auf. Unser Haus. Der Ort meiner Kindheit.

Nach der Besichtigung des oberen Stockwerkes, das mit vielen Bildern die Geschichte des Obersalzberges zeigt, ohne jedoch genauer auf die einzelnen Bewohner in der NS-Zeit einzugehen, steige ich eine Treppe hinunter, und mein Blick fällt als erstes auf eine Aufreihung von Fotografien der 1945/46 in Nürnberg vor dem Internationalen Militärtribu-

Das ehemalige Haus Speer, Obersalzberg 2004

Das frühere Atelierhaus von Albert Speer, Obersalzberg 2004

nal angeklagten Hauptkriegsverbrecher. Beinahe am Ende der Reihe stehe ich dem Bild meines Vaters gegenüber. Die ihn betreffende Bildlegende auf der Ausstellungstafel ist kurz und sachlich. Ich bin durcheinander, fühle mich getroffen, verletzt, aufgewühlt. In einer Reihe mit anderen Kriegsverbrechern habe ich ihn bisher noch nie gesehen. Es ist ausgerechnet die Fotografie, die auch ich von ihm besitze und die ich früher manchmal auf meinem Schreibtisch aufgestellt hatte. Ich erschrecke darüber wie über etwas mir völlig Fremdes. Ich schaue mir noch die übrigen Teile der Ausstellung an, »Kraft durch Freude«, Propaganda, die Konzentrationslager, Zwangsarbeiter. Mir wird fast schlecht, ich muß hinausgehen. Wie konnte mein Vater da mitmachen? Ich merke, wie mich das überwältigt und wie schwer es mir fällt hinzunehmen, daß er seine Fähigkeiten einem verbrecherischen Regime zur Verfügung gestellt hat. Weil ich weiß, daß es unbestreitbar ist, will ich davor flüchten, wie ich es so lange getan habe. Ich glaube ihn verteidigen zu müssen, wenn man über ihn als »Kriegsverbrecher« spricht, wenn ich ihn in diesen Kontext gestellt sehe. Wenn ich ehrlich mit mir bin, obwohl ich es vor mir selbst nicht akzeptieren mag, will ich auch jetzt noch keinen »schlechten Vater« haben, will deshalb von seiner Schuld nichts wissen, will mir das private Kindheitsbild in meiner Erinnerung »unbeschädigt« bewahren. Wenn ich ihn verteidige, schütze ich damit nicht mich selbst? Ich will seine Schuld nicht mehr übernehmen, will mich nicht verantwortlich, geschweige denn schuldig fühlen für etwas, das ich selbst nicht getan habe, aber am Ende gelingt es mir nicht. Vielleicht ist meine Reaktion »normal« für ein Kind gegenüber seinem Vater.

Filme und Bücher haben bei mir noch nie diese Wirkung gehabt. Hier, vor den Bildtafeln im Ausstellungsraum, fühle ich mich plötzlich wie ausgeliefert, ohne jede Möglichkeit des Rückzuges. Das dort ist mein Vater, und seine Rolle im

»Dritten Reich« wird für mich unmißverständlich und ohne Wenn und Aber benannt. Habe ich mir das bisher überhaupt jemals ausreichend klar gemacht?

Schon als Kind hatte ich mir zurecht gelegt, daß er ja kein »Mörder« sei, denn physisch hatte er selbst niemanden umgebracht. Das Wort »Schreibtischtäter« kannte ich damals noch nicht. Heute sehe ich darin immer noch einen wesentlichen Grund dafür, daß ich mir mein Bild des »privaten« Vaters habe erhalten können. Er war ein »Durchführer« und »Macher«, als solcher auch ein »Kriegsverbrecher«, aber für mich blieb er ein »Schreibtischtäter«. Ich habe diesen Begriff für mich selbst damals ganz anders benutzt als man ihn heute benutzt, ihn im Grunde nicht als besondere Form der Verbrechensbeteiligung verstanden, sondern ihn als Entlastung begriffen. Ohne diese Hilfskonstruktion hätte ich zu meiner Zuneigung zu ihm, auch zu meiner teilweise vorhandenen Bewunderung für den prominenten Vater, nicht stehen können. Für mich blieb er lange in erster Linie der Architekt. Mit seiner Rolle als »Generalbauinspektor« in Berlin und später auch als Rüstungsminister Hitlers hatte ich mich früher nie ausreichend beschäftigt, vielleicht, weil ich fürchtete, all dem zu begegnen, was ich eigentlich nie so recht hatte wahrhaben wollen und dem ich versuchte auszuweichen. Daß er nämlich, je effizienter er die Rüstung für Hitlers Krieg organisierte, mit der Verlängerung des Krieges auch half, das nationalsozialistische Vernichtungssystem aufrechtzuerhalten. Daß er als Verantwortlicher zusammen mit anderen das System der Zwangsarbeit betrieb, das Zehntausende Menschen das Leben kostete und Millionen unter oft fürchterlichen Bedingungen ausbeutete. Daß er sich dabei teilweise auch der Arbeitskraft der Häftlinge aus Himmlers Konzentrationslagern bedient hat. Daß er als »Generalbauinspektor« einige Jahre rücksichtslos die Umgestaltung Berlins zu Hitlers Hauptstadt eines künftigen nationalsozialistischen Weltreichs, »Germania«, betrieb. Und daß er dabei schließlich auch an der Vertreibung Zehntausender Berliner Juden aus ihren Wohnungen beteiligt war und seine Behörde aus deren Deportation ihren Nutzen zog.

Heute ist mir klar, daß ich der Last seiner historischen Rolle im »Dritten Reich« nicht länger ausweichen kann, so sehr ich jede Konkretisierung scheue. Intuitiv habe ich mich abgeschottet, aus Angst, all dem in seiner ganzen Dimension zu begegnen.

Wieviel hatte mein Vater von den nationalsozialistischen Verbrechen gewußt? Diese Frage habe ich mir früher eben nur teilweise und selektiv beantworten können. Er war Teil des Regimes gewesen, das war für mich das Schlimmste. Ich fürchtete jede weitere detaillierte Information und Auseinandersetzung, wollte nicht genau wissen, wie viele Konzentrationslager er gekannt und besucht hatte oder wie groß die Zahl der von ihm angeforderten Zwangsarbeiter gewesen war. Aber auch in der Öffentlichkeit entwickelte sich ja erst relativ spät eine wirklich kritische und schonungslose Sicht auf meinen Vater als historische Figur.

Gewußt habe ich aber immer, daß er seine Ziele um jeden Preis zu erreichen versuchte. Menschen waren für ihn Material, Menschen waren Zahlen, und sie mußten funktionieren. Ihr Schicksal konnte er einfach ausblenden. Er hat alle benutzt und alles getan, was seinen Erfolg garantierte.

Zur Frage der Juden gab er uns später zur Antwort: »Wenn ich es hätte wissen wollen, hätte ich es wissen können.« Ich glaube heute, was er nicht wissen wollte, wußte er auch nicht, zumindest nicht genau. Er konnte Dinge verdrängen, ignorieren, wenn er meinte, das lenke ihn von seinen eigentlichen Zielen ab oder das Wissen darum sei nicht opportun. Er delegierte perfekt und begegnete deswegen oft nur indirekt den Auswirkungen dessen, was er angeordnet und in Gang gesetzt hatte. Letztlich hat er sich nach manchem, was ich heute weiß, dabei allerdings nicht anders verhalten als Millionen Deutsche, die ebenfalls kein Interesse hatten, zum Beispiel über die Judenvernichtung das zu erfahren, was sie hätten erfahren können und was einige bereits wußten. Moralisch muß man ihm aber gerade das zum Vorwurf machen, denn er durfte sich in seiner Position als Minister einfach nicht genau so verhalten wie alle anderen. Eine Erklärung für mich ist, daß er sich nur für seine eigenen »Projekte« interessierte. Und dahinter standen sein persönlicher Ehrgeiz, seine Rücksichtslosigkeit, sein Egoismus, aber auch seine Überzeugung, einer höheren Sache zu dienen, an die er wie viele andere auch glaubte und mit der er nach seinem Selbstverständnis »erfolgreich« gewesen war. Er war nach meiner Meinung »unpolitisch« in dem Sinne, daß er sich nicht darum kümmerte, was um ihn geschah, und deshalb auch keine Konsequenzen zog, obwohl er ideologisch im Vergleich zu anderen Machthabern viel weniger verblendet oder fanatisiert gewesen zu sein scheint. Er zog sich um so mehr auf das Selbstverständnis als reiner Technokrat zurück, der nur auf seinem Gebiet funktionieren mußte.

Auch wenn es heute paradox erscheinen mag, es war trotz der Fixierung meines Vaters auf Gespräche über die Vergangenheit nicht so, daß in der Familie eine gemeinsame Reflexion darüber stattgefunden hätte. Vor allem gab es keine kritische Annäherung, und die wirklich heiklen Kerne dieses Themas wurden immer von allen Seiten ausgespart. Er hatte ja schon außerhalb der Familie alles gesagt. Wie sollten wir erwarten, daß er innerhalb der Familie etwas anderes sagen würde? Von sehr wenigen Ausnahmen abgesehen herrschte Schweigen. Das Thema war in der Familie schon immer tabuisiert gewesen, und wir, die Familienmitglieder, waren auch nicht die Adressaten, die er suchte und schätzte.

Wenn Freunde, Bekannte oder wir Geschwister mit unseren Familien da waren, saß man bei einem guten Essen zusammen. Mein Vater erzählte dann zwar von Reisen, Konzert- und Theaterbesuchen mit meiner Mutter, von seinen publizistischen Kontakten und Aktivitäten. Aber seine Rolle im »Dritten Reich« war in diesem Kreis trotzdem kein Thema. Auch ich stellte keine Fragen.

Entgegen dem in der Öffentlichkeit in jüngerer Zeit gezeichneten Bild eines berechnenden, gefühlskalten Menschen, sehe ich keinen Grund, an seiner Person als einsichtiger, nachdenklicher und sühnender Täter zu zweifeln. Für mich besteht kein Zweifel an der Echtheit der geäußerten Schuldgefühle. Vielleicht erklärt das auch seine Getriebenheit, jedem, der mit ihm Kontakt haben wollte, Auskunft zu erteilen, egal ob er meinte, daß es ihm in der öffentlichen Meinung nützen oder schaden könnte.

Andere aus meiner Generation haben sich damals ganz anders verhalten, haben ihre Väter attackiert und in Frage gestellt, sind daran sogar manchmal zerbrochen. Möglicherweise wurde auch unter uns Geschwistern die Frage der Schuld oder das Verhalten des Vaters unterschiedlich gesehen, aber wir haben untereinander darüber nie diskutiert. Ich kenne die Einstellung meiner Geschwister dazu bis heute nicht und kann in diesem Zusammenhang nur für mich sprechen.

Für mich war, glaube ich heute, wichtig, daß mein Vater, wenn auch nur abstrakt, sich zur Mitschuld an den Massenverbrechen des NS-Regimes im Nürnberger Prozeß bekannt und seine Strafe angetreten und verbüßt hatte. Allerdings hat ihm dieses Verhalten wahrscheinlich den Kopf gerettet und ihm sogar ermöglicht, von Konkretisierungen seiner persönlichen Schuld abzulenken. Nach seiner Entlassung machte ihn diese Haltung wiederum salonfähig und sicherte ihm in den ausgehenden sechziger und siebziger Jahren eine ausreichende publizistische Akzeptanz und damit auch wirtschaftlichen Erfolg.

Durch unsere wöchentlichen offiziellen Briefe, durch seine unendlich langen inoffiziellen Briefe aus Spandau und durch die regelmäßigen Besuche im Gefängnis waren wir Geschwister wie auch unsere Mutter über einen sehr langen Zeitraum wie mit einer kaum sichtbaren Kette mit ihm verbunden. Einerseits waren wir in der Lage, ein Leben ohne ihn aufzubauen – aktiv hatte er ja kaum je am Familienleben teilgenommen, das war für uns auch vor 1945 der gewohnte Zustand gewesen. Andererseits lastete er dauerhaft wie ein Schatten auf der Familie. Das erlaubte uns trotz allen Eigenlebens nur bedingt, einfach zur »Normalität« überzugehen. Es blieb immer eine fragile Situation. Je älter wir Kinder wurden, desto mehr konnten wir uns von ihm distanzieren. Durch Zufall entdeckten wir sein Abiturzeugnis, das außer in Deutsch und Mathematik keine besonders guten Noten aufwies, aber das machte ihn für uns eher sympathischer. Er hatte sich uns gegenüber nie als Einserschüler dargestellt, sondern mehr seine Faulheit betont. Wir machten uns über ihn lustig, sprachen von ihm als von »dem im Knast« oder »im Loch«. Wir waren wütend auf ihn, daß er uns mit hineingezogen, uns das sozusagen »eingebrockt« hatte. Er war eine Belastung für uns. Wir konnten nicht so tun, als sei nichts geschehen. Er war schließlich eine prominente Person der deutschen Zeitgeschichte geworden. Trotzdem sind weder unsere Mutter noch wir Kinder nach meinem Empfinden ihm gegenüber illoyal geworden oder haben seine patriarchalische Stellung in Frage gestellt. Obwohl sein Nimbus innerhalb der Familie am Ende aus persönlichen Gründen brüchig wurde, blieb damals trotz aller Belastung und Kritik doch ein gewisser Stolz, einen berühmten Vater zu haben und aus der Familie Speer zu kommen. Ich zum Beispiel habe weder im Vorfeld von »1968« noch danach gegen ihn aufbegehrt.

Ich war für Schuldgefühle empfänglich und konnte damit nicht umgehen. Es war mir unmöglich, mich selbst davon zu überzeugen, daß persönliche Schuld nicht vererbbar ist und ich mich deshalb eigentlich auch nicht persönlich getroffen zu fühlen bräuchte. Das Wort Scham benutze ich nicht gerne, denn schämen will ich mich nur für etwas, was ich selbst getan habe. Insofern habe ich mich für meinen Vater nicht geschämt.

In Heidelberg wuchs ich wie meine Altersgenossen auf. Die Generation der Eltern hatte ihren Scheinfrieden mit der Vergangenheit gemacht. Stigmatisierung und Anfeindungen von außen gab es kaum. In der Schule wurde im Unterricht nicht über den Nationalsozialismus gesprochen, ich mußte mich deshalb damals mit meinem Vater nicht ernsthaft und vor allem nicht kritisch auseinandersetzen. Die fünfziger Jahre kommen mir alles in allem heute vor wie eine große, schützende Zeit, trotz vereinzelter negativer Erfahrungen in Deutschland und im Ausland. Erlebnisse wie 1960 die heftige Diskussion in der Familie meines Mannes – die zum Teil Dänen sind und in Dänemark leben –, ob ich zu einem Familienfest nach Kopenhagen mitfahren könne oder ob es Unannehmlichkeiten geben könnte, sollte jemand erfahren, wer mein Vater ist, blieben die Ausnahme.

Mein Vater hatte in der Haft darüber nachgedacht, was für uns Kinder wohl schwerer zu tragen sei: daß er »Hitlers Architekt war, der ihm nicht nur seine Paläste und Ruhmeshallen entwarf, sondern mit den Reichsparteitagsdekorationen auch die Kulisse für seine Massenhypnosen schuf – oder daß ich sein Rüstungsminister war, Dirigent einer Kriegsmaschine und Arbeitgeber einer Sklavenarmee? Die Architektur, die ich dem Regime entwarf, bedrückt mich am wenigsten. [...] Mir selber macht am stärksten die

Teilhabe am Unrecht im Ganzen zu schaffen [...]. Und ich bin eigentlich sicher, daß dies den Kindern ähnlich geht. Daß ihr Vater zum innersten Kreis der Gewalthaber gehörte, ist auf lange Zeit ihr Lebensproblem« (»Spandauer Tagebücher«, Eintrag vom 9. März 1952, Seite 277).

Was mich angeht, trifft diese Sichtweise zu, auch wenn sprachlich verharmlosend nur von Unrecht die Rede ist, wo von Verbrechen hätte gesprochen werden müssen. Daß er Hitlers Architekt war und sich als junger Mann um der Karriere willen mit ihm und seiner Partei schon vor 1933 eingelassen hatte, kann ich mir aus seiner damaligen Lage als arbeitsloser Architekt erklären. Er war auch nicht der einzige, der sich von der nationalsozialistischen »Bewegung« eine Verbesserung seiner Situation und der allgemeinen Verhältnisse erhoffte. Als junger Mann hat er sicher an die Ideen der Nationalsozialisten geglaubt. Hitler wiederum hatte einen guten Blick, gerade ihn als seinen Architekten auszuwählen, der es, voller Ehrgeiz und anpassungsfähig, perfekt verstand, die Vorlagen des »Führers« als Ausdruck der Macht in Architektur umzusetzen. Aber auch mein Vater hatte die Fähigkeit, gute Mitarbeiter zu gewinnen und ein Büro ohne autoritäres Gehabe zu leiten. Er hatte Spaß an technischen Problemen, und die Umsetzung von übergroßen Bauten muß ihn fasziniert haben.

Im Gegensatz zur politischen Rolle meines Vaters war die Architektur nie ein Tabuthema zu Hause, seine früheren Mitarbeiter kamen zu Besuch, meine Mutter war mit vielen befreundet, über seine Arbeiten konnte man reden, auch noch über die Neue Reichskanzlei; die anderen Planungen versuchten wir zu verdrängen, sie waren einfach zu unrealistisch. Die damit verbundene massenhafte Umsiedlung von Menschen und die Zerstörung von ganzen Stadtvierteln wurde mir erst mit der Ausstellung »Von Berlin nach Germania« 1984 im Landesarchiv Berlin bewußt. Ich halte immer noch das Haus, das er 1928 für seine Schwiegereltern in Heidelberg baute und immer als unbedeutend abtat, und das Haus für die Familie in Schlachtensee (1935) für gute Architektur. Hätte er wie viele so weitergebaut, wäre aus ihm ein guter, nicht sehr bedeutender Architekt geworden.

Da ich mich für Architektur schon immer interessiert habe, kaufte ich mir als junges Mädchen in Berlin antiquarisch die Originalausgabe eines Buchs über die Neue Reichskanzlei, damals war ich von der Architektur und vor allem von den hervorragenden Fotografien angetan. Ich stellte mir die Neue Reichskanzlei immer riesig vor. Vor einigen Tagen erforschte ich endlich einmal, wo sie überhaupt gestanden hatte und ging die Voßstraße entlang und verstand, wie eng die Straße war und warum es nie ein Foto der ganzen Fassade von dieser Seite gab.

Auch wenn die Architektur kein Tabuthema gewesen ist, hat sich die Zurückhaltung, gegenüber anderen darüber zu sprechen, doch auf meine Kinder übertragen. Meine Tochter Berta ist Architektin, also in der vierten Generation in der Familie. Zu Beginn des Studiums in Berlin mußte sie ein Praktikum auf dem Bau machen und wurde beim Bewerbungsgespräch gefragt, ob es Architekten in der Familie gebe. Sie hatte Angst, nach dem Namen des oder der Architekten gefragt zu werden, und antwortete vorsichtshalber, es gebe keine Architekten in der Familie, sie sei die erste. Auch heute noch hat sie eine gewisse Scheu unter Kollegen zuzugeben, daß Albert Speer ihr Großvater ist, die Reaktion ist nicht vorauszusehen, also erzählt sie es nur engen Freunden.

Für mich bleibt die Frage unbeantwortet, wie sich aus einem unkonventionellen, humorvollen, sympathischen, sentimentalen jungen Mann dieser ehrgeizige Machtmensch entwickeln konnte. Ich wehre mich dagegen, wenn Leute sagen, daß er gefühllos war. Er konnte Gefühle nicht zeigen, konnte Liebe zum Beispiel nur in Briefen ausdrücken. Körperliche Liebe hatten er und meine Mutter in der Kindheit wie viele in ihrer Generation nicht erfahren, konnten sie auch nicht weitergeben. Ich glaube, er war immer einsam, versuchte aber die Einsamkeit durch Humor und Freundlichkeit zu überspielen. Mich hat immer seine unkonventionelle Art beeindruckt. Durch den Verkauf einer Fabrik aus dem Familienbesitz seiner Mutter hatte er während des Studiums als Wechsel Dollaranleihen und deshalb in der Zeit der Depression mehr Geld als die anderen. Mit diesem Geld ging er großzügig um, verlieh es an Freunde, auch wenn nicht sicher war, ob er es wieder zurückbekommen würde. Nach den Berichten seiner Mitschüler und Mitstudenten war er meist nachlässig gekleidet, war in der Schule und während des Studiums faul, lernte erst im letzten Moment. Über die Studienzeit und die Zeit der ersten Anfänge als Architekt in Berlin hat meine Mutter öfters gesprochen, sie hatten ständig Gäste zum Abendessen, was damals nicht allgemein üblich war, sie muß Unmengen Nudeln und Reis gekocht haben, sie sprach immer von ihrem Bohèmehaushalt. Ob sie schon vor der Hochzeit zusammengewohnt haben, hat sie nie so klar ausgesprochen, aber ich nehme es fest an. Kinder kamen erst sechs Jahre später.

Warum mein Vater 1942 den Posten als Rüstungsminister übernahm, der ihn zum Herren über Arbeitskraft und Leben von Millionen Zwangsarbeitern in der NS-Kriegswirtschaft machte, ist mir rätselhaft. Dabei war es andererseits nur folgerichtig, nach allem, worauf er sich bis 1942 eingelassen hatte, auch diesen letzten Karriereschritt zu tun. Ich kann es mir nur aus seinem Ehrgeiz erklären, den er nach seinen Erfolgen als Architekt und Organisator immer mehr entwickelte. Seit 1940/41 muß es für ihn außerdem voraussehbar gewesen sein, daß die Errichtung weiterer Großbauten und anderer Bauprojekte während des Krieges vorerst entfallen würde. Das neue Betätigungsfeld kam ihm daher nur zu gelegen.

Gerade daß die Teilhabe an Unrecht und Verbrechen mit fortschreitender zeitlicher Distanz immer mehr zu »Geschichte« wird, sich von uns entfernt, macht es für mich nicht einfacher, sondern schwieriger, mein persönliches, überwiegend positives Bild meines Vaters und sein verhängnisvolles Wirken im »Dritten Reich« zusammenzuführen. Es wird mir wahrscheinlich nicht mehr gelingen, die vielen Facetten seiner Persönlichkeit in ein geschlossenes Ganzes zu bringen, mit dem ich umgehen, das ich wirklich auch bewältigen kann. Auch ich kann wie mein Vater mir unangenehme Dinge wegschieben, nicht mehr daran denken, verdrängen. Und das werde ich vermutlich auch in Zukunft weiter tun. Durch die Arbeit an diesem Buch ist für mich die »andere«, negative Seite meines Vaters klarer hervorgetreten. Sie hat mir jedoch auch gezeigt, daß mich die permanente Beschäftigung mit ihm sehr belastet. Heute kann ich zwar mit diesem Thema selbstbewußter umgehen, und ich habe gelernt über meine Vergangenheit zu sprechen. Ich werde letzten Endes aber weiter zwischen einem historischen und einem privaten Vater trennen müssen, denn nur so kann ich wohl mit meiner Erinnerung an ihn leben.

Dank

Ich danke natürlich meinem Mann Hans, der mich in jeder Beziehung unterstützt hat, vor allem darin, meine eigenen Gedanken zu formulieren, der mich gezwungen hat, mich immer wieder durchzusetzen, der über Formulierungen und Inhalt mit mir gekämpft hat, der sich nicht beschwert hat, wenn ich gelegentlich mein normalerweise fröhliches Naturell verlor und empfindlich reagierte. Wie schon beim Fotografieren hat er mir im letzten Jahr viele praktische Arbeiten abgenommen und alle Schreib- sowie Computerarbeiten für mich erledigt.

Ich danke meinen Kindern Anne, Berta, Karen und Nils, daß sie das Projekt von vorneherein gut fanden und mich immer wieder bestärkt haben, nicht aufzugeben, wenn ich an einem der vielen Tiefpunkte im Laufe der Arbeit angekommen war. Die zusammen mit den Schwiegerkindern mit kritischem Blick das unfertige Manuskript gelesen haben und mir in Gesprächen geholfen haben, das Projekt zu Ende zu bringen. Ich rechne ihnen hoch an, daß sie nie einen Einwand geäußert haben, daß ich in meinen Lebensbericht auch ihr Leben mit einbezogen habe.

Ich danke meinen Freundinnen Nina Gerlach, an die ich mich in psychologischen Fragen immer wenden konnte, und Hannelore Paasch, an der ich testen konnte, wie das Manuskript auf jemanden wirkt, der mich schon lange kennt, mit dem ich aber über meinen Vater nie gesprochen habe.

Vor allem aber danke ich Klaus Hesse, der der einzige Historiker ist, mit dem ich bereit war, über mein Leben und das diffizile Problem meiner Beziehung zu meinem Vater zu sprechen. Ohne seinen Rat und seine Unterstützung in den letzten Monaten hätte ich es nicht gewagt, mich eingehender mit der Rolle meines Vaters im Nationalsozialismus auseinanderzusetzen und mir darüber klar zu werden, was sein Leben für mein Leben bedeutet hat.

Margret Nissen